王铖 贺坤 等 编著

# 园林植物识别与应用

上海科学技术出版社

图书在版编目（CIP）数据

园林植物识别与应用 / 王铖等编著. -- 上海 : 上海科学技术出版社, 2022.8
ISBN 978-7-5478-5697-0

Ⅰ. ①园… Ⅱ. ①王… Ⅲ. ①园林植物—识别 Ⅳ. ①S688

中国版本图书馆CIP数据核字(2022)第092931号

园林植物识别与应用
王铖 贺坤 等 编著

上海世纪出版（集团）有限公司
上海科学技术出版社
出版、发行
（上海市闵行区号景路159弄A座9F-10F）
邮政编码 201101 www.sstp.cn
上海雅昌艺术印刷有限公司印刷
开本 889×1194 1/16 印张 20
字数 550 千字
2022年8月第1版 2022年8月第1次印刷
ISBN 978-7-5478-5697-0/S·233
定价：128.00元

园林植物识别与应用

# 内容提要

本书为风景园林上海市一流本科专业建设、应用型本科专业建设和上海市教委中本贯通高水平项目的代表性成果。全书聚焦园林植物的识别和景观应用，力求为风景园林及相关专业学生提供图文并茂的指导，以期强化园林植物应用的学习效果、提升学生园林景观规划与设计的水平。

本书内容可归为两大部分：第 1 ~ 3 章为园林植物的识别与应用基础，以图文并茂的形式对园林植物识别与应用相关的植物学、分类学、树木学和花卉学 等相关知识点做了归纳介绍；第 4 ~ 7 章为常见园林植物的识别与应用，以图文并佐证的形式对中国长江流域特别是长江中下游华中、华东地区常见园林植物的识别要点、生态习性和园林应用等进行了归类总结。

本书立足风景园林及相关专业的园林植物教学和实践实习需求，图片均由本书作者专业、高清拍摄，丰富、精美，可读性和观赏性俱佳；本书也可供对风景园林、园林和观赏园艺等感兴趣的读者或有关从业人员参考。

# 前言

园林植物是风景园林规划和设计的核心要素之一，是风景园林、园林和观赏园艺等专业学生学习的重要内容，对学生专业素质的培养和职业生涯的发展具有重大影响。由于园林植物的种类众多，再加上大量园艺品种的应用，使得园林植物的种类更加复杂多样，因而初学园林植物的学生在植物的识别和应用学习中颇感头痛。

本书主要针对已完成植物学课程学习、具有一定植物学知识基础、初次学习园林植物相关课程的学生，聚焦园林植物的识别和景观应用，力求为风景园林、园林和观赏园艺等相关专业的学生提供图文并茂的实用指导，以期提高他们对于园林植物知识的学习效率。

本书内容分为两大部分：第 1 ~ 3 章为园林植物的识别与应用基础，对植物学、树木学和花卉学课程中有关园林植物识别与应用的知识点进行了简要梳理，方便学生查漏补缺，并针对园林植物识别与应用中的突出问题进行了重点阐释；第 4 ~ 7 章为常见园林植物的识别与应用，主要介绍了中国长江流域园林绿化中应用的植物，特别是长江中下游的华中、华东地区园林绿化中常用的园林植物。书中对选取的 500 多种（含品种）常用的园林植物，按照其名称、科属、识别特征、生态习性、园林用途和应用要点进行了简要总结，并对识别特征中要点配图说明。

本书由上海市教委中本贯通高水平项目资助出版，由上海应用技术大学、上海城建职业学院和上海辰山植物园的专业教师与专业技术人员合作编写。具体编写分工如下：上海应用技术大学王铖编写第 1、2、3、5 章，并提供全书照片；上海应用技术大学贺坤编写第 4 章，并负责全书统稿；上海应用技术大学孙海燕编写第 6 章 6.1 节；上海辰山植物园秦俊编写第 6 章 6.2 节；上海应用技术大学邹维娜编写第 7 章 7.1 节，上海城建职业学院朱红霞编写第 7 章 7.2 节。

上海应用技术大学在校研究生张雪、何婷、王俊洁、李楠、田艺文、唐惠玲、潘虓宸、秦秉铎、江南、卢意在资料的收集和整理过程中提供了帮助，在此表示感谢！在本书编写过程中参考了相关植物学、树木学、花卉学、花卉应用与设计等经典著作，在此对其编者表示感谢！

由于作者水平有限，虽努力细致工作，然而错漏之处在所难免，恳请读者批评指正。

作者

园林植物识别与应用

# 目录

# 1 园林植物识别的术语与方法

园林植物包含蕨类植物、裸子植物和被子植物等类群，不同类群的植物体结构术语不同。准确掌握不同类群植物体结构术语，有助于园林植物的识别。

# 1.1 植物体结构与常用术语

园林植物一般是指观赏价值突出的高等植物，涉及苔藓植物、蕨类植物和种子植物三大类群，其中蕨类植物和种子植物（包含裸子植物和被子植物）中园林植物的种类较多。由于苔藓植物的园林应用极少，故本书仅列出蕨类植物、裸子植物和被子植物的结构与术语。

## 1.1.1 蕨类植物的结构与术语

蕨类植物的植物体包括营养器官和生殖器官。蕨类植物的营养器官主要包括根、茎、叶三个部分。有些种类地上茎明显；营养器官的叶又称为营养叶，可以分为单叶和复叶两类，单叶由叶柄、叶片和叶脉组成，复叶由叶柄、叶轴、羽片、羽轴、小羽轴、小羽片、裂片和主脉组成。蕨类植物的生殖器官称为孢子叶球，分为小孢子叶球（雄性）和大孢子叶球（雌性）两类，小孢子叶球由小孢子叶、小孢子囊、小孢子组成，大孢子叶球由大孢子叶、大孢子囊、大孢子组成。

蕨类植物的结构与名称

## 1.1.2 裸子植物的结构与术语

裸子植物的植物体由根、茎（干）、叶、雄球花、雌球花、球果、种子组成。裸子植物的叶可以分为鳞叶、针叶、刺叶、线形叶、扇形叶、羽状叶、披针叶；雄球花由雄蕊（小孢子叶）、花粉囊（小孢子囊）组成；雌球花由心皮（大孢子叶）、珠心（大孢子囊）组成；球果由苞鳞、种鳞和种子组成。

裸子植物的植物体结构术语中除了一般通用的术语，还有一部分专门的术语，应用于一些特定的类群，具体如下：

（1）球果（cone）。指松、杉、柏类植物的果实，即长大的雌球花，大孢子叶变成种鳞。

（2）珠鳞（ovuliferous）。亦称种鳞、果鳞，由大孢子叶变态而来。当其上的胚珠还未长成种子时，称为珠鳞；当胚珠已形成种子时，称为种鳞。

（3）珠托（collar）。亦称种托，由大孢子叶变态而来。当其上的胚珠未受精时，称为珠托；当胚珠受精形成种子时，称为种托，如罗汉松胚珠下的柱状物。

（4）珠领（collar）。为变态的大孢子叶，如银杏胚珠下部的环形构造。

（5）套被（collar）。为变态的大孢子叶，通常呈囊状或杯状，包围在胚珠之外或胚珠基部，套被常发育成假种皮，如红豆杉的套被。

a—江南油杉的植株；b、c、d—分别为苏铁的雄球花、雌球花和种子；e、f、g—分别为银杏的雄球花、雌球花和种子；h、i、j—分别为五针松的雄球花、雌球花和球果；k、l、m—分别为罗汉松的雄球花、雌球花和种子

# 1.1.3 被子植物的结构与术语

被子植物的植物体由根、茎、枝、叶、花、果实、种子等组成，叶、花、果实是被子植物分类和识别最重要的器官。

（1）叶。可以分为单叶和复叶两类：单叶是指一叶柄着生一叶，由叶柄、叶片、托叶组成；复叶是指一叶柄着生两片以上叶，由总叶柄、叶轴和小叶组成，复叶又可以分为单身复叶、羽状复叶和掌状复叶等。

（2）花。可以分为单生花和花序两类：单生花是指在一个花枝上只着生一朵花；花序是指两朵以上的花在花轴上排列形成的复合花。一朵完全花由花梗、花托、花萼、花冠、雄蕊群和雌蕊组成。花被是花萼和花冠的总称，花萼由萼片组成，花冠由花瓣组成。根据花冠的对称性，对称花可以分为整齐花（辐射对称）和不整齐花（两侧对称），整齐花又可以分为合瓣花和离瓣花，典型的如玉兰、梅花、樱花属于离瓣花，夹竹桃、金银花、凌霄花属于合瓣花。雄蕊群由雄蕊组成，雄蕊由花丝和花药组成。雌蕊由心皮构成，一般包括子房、花柱和柱头。花序可分为无限花序和有限花序，无限花序可分为简单花序和复合花序，有限花序又可分为单歧聚伞花序、二歧聚伞花序和多歧聚伞花序。简单花序是指花序轴不分枝的花序，可以分为总状花序、伞房花序、伞形花序、穗状花序、葇荑

被子植物的植株与常见种类的叶、花和果实

a—广玉兰的植株；b ~ d、e ~ g、h ~ j、k ~ m—分别为雪缎海棠、秀丽四照花、黄山栾、琼花

花序、肉穗花序、头状花序和隐头花序等；复合花序是指花序轴分枝的花序，由简单花序组成，可以分为圆锥花序、复伞房花序、复伞形花序和复穗状花序等。

（3）果实。可以分为单果、聚合果和聚花果三类：①单果。由一朵花中的一个子房或一个心皮所形成的单个果实，根据果皮或其他组成果实的部分是否肉质多汁可分为肉果和干果，肉果可以分为核果、浆果、柑果、瓠果（pepo）和梨果（pome），干果又可以分为开果（成熟时果皮开裂）和闭果（成熟时果皮不开裂）两类，开果又分为蓇葖果（follicle）、荚果（legume orpod）、长角果（silique）、短角果（silicle）和蒴果（capsule），闭果又分为瘦果（achene）、颖果（caryopsis）、胞果（utricle）、翅果（samara）、坚果（nut）、小坚果（nutlet）和双悬果（cremocarp）。②聚合果（aggregate fruit）。一朵花中有多数单雌蕊，即离心皮雌蕊，每一个单雌蕊形成一个单果集生在膨大的花托上，称为聚合果，如草莓、苹婆、悬钩子。③聚花果（collective fruit）。指由整个花序形成的果实，成熟时整个果穗从母体上脱落，如桑葚。

a~d—分别为单叶、单身复叶、羽状复叶和掌状复叶；e~l—分别为单花、总状花序、头状花序、穗状花序、伞形花序、伞房花序、聚伞花序和圆锥花序；m、n—分别为单果和聚合果；o、p—聚花果

## 1.2 植物识别的一般方法

植物识别常用的方法主要有“看”“摸”“闻”三种，其中“看”是最重要的也是最主要的方法。

（1）“看”。指观察植物体的结构、形态、颜色和体量。详尽罗列并描述一种植物的性状比较困难，也是没有必要的，识别一种植物可以从其生活型、植株、根、干、皮、枝、叶、花、果实、种子等方面观察着手，每一个方面都有若干性状可以作为识别的特征。进行植物识别时，通常首先观察植物的生活型和植株的形态，对植物的类群进行判断；然后进一步观察叶、花、果实等器官的典型性状，进行种类的识别；最后再与相近种类的区别特征进行比对，做出具体种类的鉴定。

（2）“摸”。指感知植物体表面的质感，不同种类植物体的表面，特别是叶、果皮、树皮等的光滑与粗糙程度有很大差别，可以作为识别和鉴定植物的依据，尤其对于其他形状都相似的种类，比如亮叶蜡梅和柳叶蜡梅的花和果实都比较容易混淆，但是通过叶就比较容易辨别两者，亮叶蜡梅的叶为革质，表面比较光滑，而柳叶蜡梅的叶为纸质，表面比较粗糙。

（3）“闻”。指感知植物体的气味，通过辨识植物的气味进行种类的判断。许多种类比如芸香科、樟科、桃金娘科、唇形科植物等，都会散发出一些特殊的气味，可以通过辨别这些气味进行植物的识别。

通过“看”“摸”“闻”等方法初步鉴定出植物的种类后，还要查阅植物志、树木志等植物图志，对观察到的性状进行仔细校对；为了防止鉴别有误，还需要对照相近的种类进行校对。

柳叶蜡梅（上）和亮叶蜡梅（下）的叶、花、果实比较

## 1.3 植物名称与拉丁名

植物名称出现同名异物或同物异名是园林植物识别中会遇到的问题，这常常给园林植物的生产和设计应用造成不小的麻烦。同名异物是指一个植物名称对应多种植物，同物异名是指一种植物有多个名称。同物异名或同名异物出现的原因很多，对其形成的根源很难进行深入的研究，但是规范植物的名称对于园林植物识别和应用是非常必要的。比如，红花槭（*Acer rubrum* L.）和自由人槭（*A.×freemanii*）都被称为美国红枫，但是两者的形态、适应性和变色期的差异非常大。每一种植物都只有一个合法的拉丁名，可在世界范围内交流通用，因此使用拉丁名交流不会出现混淆或误解，而同物异名或同名异物一般出现在用其他语言表示植物名称时。《中国植物志》是中国最权威的植物志书，收录了中国原产和引进的维管植物3万多种，为每种收录的植物都提供了一个中文正名，在植物识别和应用时，可以用《中国植物志》或 *Flora of China*（《中国植物志》英文修订版）的中文正名作为植物的名称，同时附上植物的拉丁名，就能很好地解决同物异名或同名异物的问题。

红花槭（上）和自由人槭（下）的植株、叶片比较

# 2 园林植物的生态习性与认知

在影响园林植物生长发育的生态因子中，温度、水分、光照、土壤（结构、盐分、pH 值）是起主导作用的关键因子。

## 2.1 园林植物对温度的适应性

温度是影响植物分布最重要的气候因子，每种植物都有其适应的温度范围，若超出其适应的范围就不能生存，在植物的识别中可以利用植物的分布范围对植物的种类进行判断，在植物景观设计中耐寒性也是选择植物种类的依据。除了影响植物的生存，温度对植物的生长发育和观赏特性的呈现也有重要的影响，比如，东京樱花是先花后叶的植物，在中国长江流域以北栽培开花正常，将其引种栽培到华南炎热地区以后，就会出现花叶同放和开花稀少的现象；再比如，冬樱花在昆明正常开花，引种到上海后只能形成花芽，不能开花。

植物的耐寒性是评价植物对低温适应性最重要的性状，植物耐寒性的形成比较复杂，主要由植物的遗传特性所决定，同时植物的耐寒性也会受到生长发育阶段、自身营养水平的影响。此外，植物各部分耐寒性的能力也不同，通常芽的耐寒性最强、根的耐寒性最弱。由于植物的耐寒性比较复杂，又具有一定的波动幅度，因此在绝大多数参考资料中，对于植物耐寒性的评述比较模糊。为了直观解释植物的耐寒性，本书将植物的耐寒性分为三档：①不耐寒，只能生长于华南地区，可以露地越冬的种类；②稍耐寒，只能生长于长江流域到天津、北京、太原、兰州以南地区，可以露地越冬的种类；③耐寒，能够生长于兰州、太原、北京、天津及其以北地区，可以露地越冬的种类。

关于园林植物对温度的适应性，除了要掌握影响植物生存的耐寒性、耐热性外，还要关注植物正常生长发育和观赏特性呈现出的对低温和高温的需求。

冬樱花在昆明（上）和上海（下）开花的情况

## 2.2 园林植物对水分的适应性

水分是影响园林植物生长与发育的重要因子之一。根据植物对水的适应性，可以将其分为旱生植物、中生植物、湿生植物和水生植物。旱生植物能忍受长期干旱而发育正常，不能忍受水湿；中生植物不能忍受过干或过湿的环境，通常需要湿润而排水良好的土壤；湿生植物是指需要生长在潮湿环境中才能正常生长发育，若置于干燥的中生环境中则生长不良或死亡，其能耐较长时间的水湿“胁迫”，但不能完全生长于水中，否则同样会受害；水生植物则是指生长于水中的植物，其不能离开水。在园林景观设计中合理利用植物对水分的适应性，可以营造出别具特色的植物景观。比如，落羽杉属植物原产北美水湿地区，耐水湿能力极强，既可旱生，也耐水淹，可植于湖滨浅水地带形成水上森林景观。

根据植物对干旱和水湿“胁迫”的忍受能力，通常可以将植物的水分适应性分为五类：①耐干旱不耐湿，如仙人掌、黑松、樟子松等；②既耐干旱又耐湿，如旱柳、垂柳、榆等；③既不耐干旱也不耐湿，如香樟、桂花、玉兰等；④耐湿不耐干旱，如池杉、乌桕、榕树等；⑤水生植物，如荷花、睡莲、王莲等。

利用墨西哥落羽杉（上）和落羽杉（下）对水分的适应性创造特色景观

## 2.3 园林植物对光照的适应性

光照也是影响园林植物生长发育的重要因子之一。光照对植物的影响主要分为光质、光强度和光周期三个方面。光质是指光波的种类，即不同频率的光对植物的影响；光强度是指光照强度对植物生长的影响；光周期是指每日光照时数和黑暗时数的交替对植物开花的影响。光质影响植物的生长和开花质量，光照强度影响植物的分布和生长，光周期则影响植物的花芽分化和花期。

在进行植物景观设计时，植物对光照强度的适应能力是需要重点考虑的因素，处理不当往往会造成严重损失。比如，日本晚樱是强阳性植物，配植于林下则会因为光照不足而枯死；紫金牛为阴性植物，配植于林下生长良好，全光下则会叶片焦枯。根据植物对光照强度的适应性，通常可以将植物分为三类：①阳性植物，喜光，不耐阴，如樱花、马尾松、桃花等；②中性（耐阴）植物，喜光，稍耐阴，绝大多数植物属于此类，如香樟、桂花、广玉兰等；③阴性植物，喜阴，不耐晒，如玉簪、红豆杉、夏蜡梅等。

日本晚樱全光下（上左）和林下（上右）、紫金牛林下（下左）和全光下（下右）生长状况比较

# 2.4 园林植物对土壤的适应性

土壤对植物生长发育的影响主要包括土壤的结构、土壤pH值和土壤盐分。

（1）土壤的结构。包括土壤容重、土壤紧实度和土壤空隙度等方面。土壤结构不仅影响通透性和保水保肥的能力，还会影响土壤对植物根系的固定支撑能力，其对于台风多发或风灾频繁的地区具有重要的意义。

（2）土壤pH值。对观赏植物的分布、生长和观赏特性的呈现都有重大的影响。不同种类的植物对土壤pH值的适应范围有明显的差异，按照植物对土壤pH值的适应范围一般可以将其分为三类：①酸性土植物。指在土壤pH值6.5以下的土壤中生长良好的植物，如杜鹃花、山茶花、兰花等。②中性土植物。指在土壤pH值6.5～7.5范围内的土壤中生长良好的植物，绝大多数植物属于此类，如香樟、银杏、樱花等。③碱性土植物。指需要在土壤pH值7.5以上的土壤中生长良好的植物，如柽柳、沙棘、沙枣等。土壤pH值还会影响到某些种类植物景观性状的呈现，最著名的例子是八仙花，在酸性土壤中八仙花的花色为蓝色，在碱性土壤中八仙花的花色则为红色。

（3）土壤盐分。其对植物的生长有重大影响。按照植物对土壤盐分的适应程度，可以将其分为喜盐植物、耐盐植物和不耐盐植物。在表示植物对土壤盐分的耐受程度时，通常将土壤盐分分为四个等级：①土壤含盐量小于1‰，为非盐碱土；②土壤含盐量为1‰～2‰，为轻度盐碱；③土壤含盐量为2‰～3‰，为中度盐碱；④土壤含盐量大于3‰，为重度盐碱。土壤含盐量低于1‰的非盐碱土中，绝大部分植物能生长，除了少数对盐碱含量比较敏感的种类外，一般不需要改良；土壤含盐量介于1‰～3‰之间的轻度、中度盐碱土中，除少量耐盐碱的植物外，绝大部分植物不能生长，需要进行适当的改良；土壤含盐量大于3‰的盐碱土中，只有少部分盐生植物能够正常生长，如要进行园林绿化，必须进行彻底改良或土壤的换填。

金叶大花六道木在非盐碱性土壤（左）和盐碱性土壤（右）中生长状况比较

# 3 园林植物的分类与应用

按照不同的标准，园林植物可以分成不同的类别。花、叶、果、枝、干和根是园林植物的观赏对象，同时也是园林植物分类的依据。草本植物在园林景观的应用常包括花坛、花境、花海、绿墙、草坪和开花草甸等形式，木本植物在园林景观的应用常包括孤植、对植、丛植、群植、林植、篱植和棚架绿化等形式。

# 3.1 园林植物的观赏特性

园林植物的观赏特性不仅包含植物体各部分——叶、花、果、干、枝、根、冠所表现出的自然美感，还包含植物种类所传递出的社会美感。

## 3.1.1 叶的观赏

叶的美可以从叶形、体量、叶色和叶的香味等方面去鉴赏。

植物的叶形非常丰富，许多种类都具有很高的观赏价值，比如鹅掌楸、银杏、鸡爪槭、黄栌、枫香、双花木、紫荆等；有些植物叶片非常巨大，常带给人奇特感觉，比如椰子的叶片长达3～4 m，而大叶蚁塔的一片叶子可以遮住一匹马，叶片较大种类还有王莲、芭蕉、蒲葵、加纳利海枣、八角金盘等。

叶色是园林植物最重要的观赏特性之一，根据植物叶片叶色呈现的时间，可以分为春色叶、常色叶和秋色叶三类，春色叶类植物著名的有山麻杆、红叶石楠、紫叶桃、金叶女贞等，常色叶类植物著名的有洒金桃叶珊瑚、金变黄杨、花叶刺桂等；秋色叶类植物著名的有鸡爪槭、乌桕、枫香、黄栌、元宝槭、红花槭、糖槭、豆梨等。

叶香也是重要的观赏特性之一，连香树叶子在落叶时能散发出浓浓的像棉花糖般的香味，唇形科、芸香科、桃金娘科、樟科、柏科等很多种类植物的叶片都能分泌、挥发出芳香的脂类物质，给人留下深刻的印象。

鹅掌楸（左）和鸡爪槭（右）的叶

## 3.1.2 花的观赏

花的美可以从花形、花色、花香、花量等方面去鉴赏。

植物的花形极为丰富，许多种类花形奇特，如鹤望兰、郁金香、荷花、牡丹、芍药、大丽花、菊花等，有些种类还因其花冠的形态而著名，比如十字花科、唇形科、蝶形花科等，其他花形奇特种类还有兰科、毛茛科、莲科、天南星科等。

花色是自然界最丰富的颜色，人类能够想象得出的色彩在植物的花朵上几乎都能找到，花色按照花朵上呈现的色彩种类可以分为单色、复色和多色等类型。

花香具有重要的观赏价值，闻香也是赏花活动的重要内容，著名的香花植物有桂花、茉莉、蜡梅、玫瑰、白兰、兰花、梅花等。

花形奇特的种类以单朵花的个体美观赏为主；对于开花繁茂的种类，则以群体美的观赏为主，特别是一些先花后叶的种类，如玉兰、东京樱花、豆梨等开花时能形成花团锦簇的效果，若成片种植形成繁花景观则极为壮观。

鹤望兰（左）和郁金香（右）的花



### 3.1.3 果的观赏

果实的观赏特性可以用“奇”“巨”“丰”三个字来形容：“奇”是指果实的果形奇特，著名的种类有金线吊蝴蝶、鱼鳔槐、象耳豆、秤锤树、佛手等；“巨”是指果实的体量巨大，海椰子是世界上果实最大的植物，一颗海椰子的果实就重达 25 kg，其他果实巨大的植物还有炮弹树、榴莲、椰子、番木瓜、南瓜、柚等；“丰”是指结实繁茂、果实累累，著名的种类有冬青、山楂、海棠、花楸、火棘、枸骨、细花泡花树等。

除了果实的形态外，果实的颜色也具有非常重要的观赏价值，比如北美冬青的红色非常醒目，是瓶插的优良材料；果色鲜艳的种类还有山桐子、枸骨、冬青、柿子、柑橘等。许多种类的果实成熟时能散发出甜美的香味，如西番莲、柑橘、梨、苹果等。

细花泡花树（左）、鱼鳔槐（右上）和柚（右下）的果实

## 3.1.4 干的观赏

干的观赏主要是指观赏干皮的鲜艳色彩，对于冬季漫长的北方地区具有重要的意义，著名的观干树种有白皮松、白桦、红桦、红瑞木、山桃、榔榆、二球悬铃木、福氏紫薇、毛白杨等。

榔榆（左）、二球悬铃木（中）和福氏紫薇（右）的干





## 3.1.5 枝的观赏

枝的观赏特性包括枝的颜色和枝的形态。一些植物的枝干具有鲜艳的颜色，具有很高的观赏价值，著名的种类有金枝槐、红瑞木、红枝鸡爪槭、金枝鸡爪槭等。树木的枝条按照姿态可以分为直枝类、龙游类和垂枝类，其中龙游类和垂枝类具有较高的观赏价值，龙游类著名的种类有龙游梅、龙爪柳、龙爪枣、龙爪桑等，垂枝类著名的种类有垂柳、龙爪槐、垂枝榆、垂枝梅、垂枝樱花、垂枝紫荆等。

龙爪槐（左）和红瑞木（右）的枝

## 3.1.6 根的观赏

根通常深埋土中难以观赏到，但是有些植物种类的根也常暴露于土壤之外，具有较高的观赏价值，特别是一些具有发达板根、气生根和膝根的种类。具有发达板根的种类有高山榕、木棉等，具有发达气生根的种类有榕树、锦屏藤等，具有发达膝根的种类有水松、落羽杉、池杉等。

锦屏藤（上）和高山榕（下）的根

# 3.2 园林植物的一般分类

依据不同的标准，可以将园林植物分成许多不同的类别。同一种植物按照不同的分类标准可以归入不同的类别中，利用不同分类标准进行园林植物的分类为园林植物的应用提供了不同的思考角度。熟练掌握园林植物的分类标准和园林植物所属的类别，可以提高园林植物景观应用的水平。

（1）根据植物的生长习性和形态分类。可以分为一年生植物、二年生植物、多年生植物和木本植物几类。其中，多年生植物根据根或茎是否膨大变态，又可以分为宿根植物和球根植物；按照叶是否常绿，又可以分为多年生落叶（狭义的宿根植物）、多年生常绿植物。木本植物按照地面芽的生活型，又可以分为乔木、灌木、藤木和匍匐类；按照叶的形态，又可以分为针叶类和阔叶类；按照叶的常绿与否，又可以分为常绿 / 落叶乔木、常绿 / 落叶灌木、常绿 / 落叶藤本、常绿 / 落叶针叶、常绿 / 落叶阔叶等。

（2）根据植物的观赏特性和观赏部位不同分类。按照植物的观赏部位，可以分为观形植物、观花植物、观叶植物、观果植物、观干植物、观根植物等；按照植物的观赏性状，又可以分为彩叶植物、芳香植物等。

（3）根据植物的生态习性分类。按照植物的原产地和对温度的适应性，可以分为热带植物、亚热带植物、温带植物和高寒植物等；按照植物对水的适应性，又可以分为旱生植物、中生植物、湿生植物和水生植物，其中水生植物又可以分为挺水植物、浮叶植物、漂浮植物和沉水植物；按照植物对土壤 pH 值的适应性，可以分为酸性土植物、中性土植物和盐碱土植物；按照植物对光照强度的适应性，又可以分为阳性植物、中性植物和阴性植物；按照植物对光周期的需求，可以分为长日照植物、短日照植物、中日照植物和中间性植物等。

（4）根据园林植物的景观用途分类。这是常用的分类标准。木本植物按照园林用途，可以分为独赏树类、庭荫树类、行道树类、防护树类、花灌木类、藤木类、植篱类、地被类、桩景类、室内绿化类（包括切枝类）。草本植物按照园林用途，可以分为花坛植物、花境植物、岩生植物、藤蔓植物、水生植物、草坪植物、地被植物、切花植物、室内植物等。

（5）根据园林植物的经济用途分类。可以分为果树类、淀粉类、油料类、蔬菜类、药用类、香料类、纤维类、乳胶类、饲料类、薪材类、观赏类等。

向日葵既可用作经济用途（左），也可用作观赏用途（右）；按经济用途分类时是油料植物，按景观用途分类时是花境植物

# 3.3 植物景观应用的形式

## 3.3.1 草本花卉景观的形式

草本植物景观常用的形式有花丛、花坛、花境、草甸、花海、绿墙、草坪、地被、专类园等。

（1）花丛。指根据花卉植株高矮及冠幅大小不同，将数目不等的植株组成丛配置于阶旁、墙下、路旁、林下、草地、岩隙、水畔的自然式花卉种植形式。

（2）花坛。指在一定范围的畦地上按照整形式或半整形式的图案栽植观赏植物，以表现花卉群体美的园林设施。

（3）花境。指模拟自然界林缘地带多种野生花卉交错生长的状态，经过艺术设计，将多年生花卉为主的植物以平面上斑块混交、立面上高低错落的方式种植于带状的园林地段而形成的花卉景观。

（4）草甸。指运用多种多年生植物，模拟自然草甸植物群落形成的季节特色明显、群落结构稳定的花卉应用形式。

花丛

盛花花坛

宿根花境

开花草甸

（5）花海。指以单一植物品种或少量品种大规模集中种植，观赏花卉集中盛开时壮观效果的花卉应用形式。

（6）绿墙。指在建筑墙面上安装骨架，将植物种植在种植槽、种植块或者种植毯内并安装在骨架上形成的花卉景观。

（7）专类园。指在园中种植某一种或某一类观赏植物为主体的花园。

向日葵花海

绿墙

月季专类园

观赏草专类园



## 3.3.2 园林树木种植的形式

园林树木种植的形式可以分为孤植、对植、列植、丛植、群植、林植、篱植、棚架绿化、绿廊式绿化、墙面绿化、篱垣式绿化、立柱式绿化等。

（1）孤植。指在空旷地上孤立地种植一株树木，或几株同一种树木紧密地种植在一起，来表现单株的栽植效果。

（2）对植。指两株或两丛相同或相似的树，按照一定的轴线关系，做相互对称或均衡的种植方式。

（3）列植。指乔木或灌木等距离成行的栽植形式。列植可以分为单行列植、环形列植、错行列植、顺行列植等。

（4）丛植。指由两株至十多株树木以不等距种植在一起的种植方式。丛植形成的树木景观称为树丛。

（5）群植。由二三十株以上至数百株的乔木、灌木成群配植称为群植，这个群体称为树群。

（6）林植。指较大面积、多株树木成片林状的种植形式。林植形成的景观称为树林，按照树林的郁闭度可以分为疏林和密林，按照组成树林的树种结构可以分为纯林和混交林。

（7）篱植。指由灌木或小乔木以近距离的株行距密植，栽成单行或双行，紧密结合的规则式种植形式。绿篱按照高度可以分为矮篱、中篱、高篱和绿墙，按照观赏特性和功能又可以分为常绿篱、彩叶篱、花篱、果篱和刺篱等。

孤植的香樟

列植的水杉

对植的龙柏

丛植的棕榈

群植的湿地松与落羽杉

林植的落羽杉

篱植的黄杨

（8）棚架绿化。指建造棚架以栽植藤木，以观花、观果等为目的，兼具遮阴功能的种植方式。

（9）墙面绿化。指把藤木通过牵引和固定使其爬上混凝土或砖制墙面，从而达到绿化美化效果的绿化方式。

（10）篱垣式绿化。指主要用于篱笆、栏杆、铁丝网、矮墙等处的绿化。其除了具有观赏作用，还具有防范和分隔功能。

藤本月季作棚架绿化

常春油麻藤作墙垣绿化

地锦作墙面绿化

园林植物识别与应用

# 4 一、二年生植物的识别与应用

一、二年生植物是指在1～2年内完成全部生命周期的植物，其中又可以分为一年生植物和二年生植物。园林中有些多年生植物由于其栽培地和原产地的气候差异，在栽培区内难以正常越冬或越夏，应用中也常作一、二年生栽培，故本书将园林中常作一、二年生栽培的多年生植物也归入一、二年生植物进行介绍。

## 花毛茛 · 又称芹菜花、波斯毛茛

**学名** *Ranunculus asiaticus* L.

**科属** 毛茛科、毛茛属

**识别特征** 多年生草本，常作一、二年生栽培。株高20 ~ 50 cm。地下具纺锤形块根，基生叶阔卵形、椭圆形或三出状，具长柄；茎生叶小，近无柄，二回三出复叶，羽状细裂。花单生或数朵聚生于茎顶，花冠重瓣或半重瓣，圆整似牡丹，花色丰富，花期4—5月。

**生态习性** 喜光，也耐阴。不耐寒，喜冷凉环境，忌酷热。不耐干旱，也不耐涝，喜疏松肥沃、排水良好的砂质壤土。

**园林用途** 株形低矮，色泽艳丽，花茎挺立，花形优美而独特，是春季盆栽观赏的优良种类，也可布置露地花坛、花境和点缀草坪。

**应用要点** 花毛茛原产于以土耳其为中心的亚洲西部和欧洲东南部，在中国大部分地区夏季进入休眠状态。残花、病株须及时整理剔除。



花毛茛的花坛、花和叶

## 高翠雀花 · 又称飞燕草、穗花翠雀

**学名** *Delphinium elatum* L.

**科属** 毛茛科、翠雀属

**识别特征** 多年生草本，常作一、二年生栽培。茎直立，多分枝，株高可达1 ~ 2 m。叶互生，掌状5 ~ 7深裂，上部叶3 ~ 5裂。总状花序顶生，萼片5，花瓣状，花瓣为重瓣，蓝色，花期7—8月。

**生态习性** 喜光，稍耐阴。耐寒，喜凉爽通风、干燥环境，忌炎热。耐干旱，不耐水湿，喜富含腐殖质、排水通畅的砂质壤土。

**园林用途** 花序高大挺拔，花形别致，开花繁茂，色彩淡雅，可观花、观叶，适合用于花坛、花境、地被和盆栽等。

**应用要点** 喜凉爽干燥环境，种植时应避免炎热和水湿土壤。为保持土壤湿润，可以在土壤表面覆盖植物碎屑以保持水分。

高翠雀花的叶和花坛

## 虞美人 · 又称丽春花、赛牡丹

虞美人的花梗、地被（上）和罂粟的花梗、花冠（下）



**学名** *Papaver rhoeas* L.

**科属** 罂粟科、罂粟属

**识别特征** 一年生草本。茎直立，株高可达 80 cm。全株被白色刚毛，具乳汁。叶互生，羽状分裂，下部全裂，上部深裂或浅裂。花单生于茎和分枝顶端，开花前花蕾低垂，萼片 2，绿色；花瓣 4，圆形或椭圆形，紫红色，具深紫色斑点，子房不被毛。蒴果宽倒卵形，不被毛。种子多数，肾状长圆形。花果期 3—8 月。

**生态习性** 喜光，不耐阴。稍耐寒，忌夏季酷热，中国南方地区可露地越冬。不耐干旱，不耐涝，喜排水良好、肥沃的砂质壤土及微酸性至中性土壤。

**园林用途** 花形独特，花大色艳，花期长，常用作花坛、花境栽植，最宜片植，营造群体效果，也可盆栽或作切花用。

**应用要点** 虞美人不耐移栽，忌连作与积水，自播能力强。

应用中虞美人常被误认作罂粟（*P. somniferum* L.）。其与罂粟的区别如下：虞美人全株被明显的刚毛，分枝多而纤细，叶质较薄，整体感觉纤弱；而罂粟全株光滑并被白粉，茎粗壮，茎秆分枝少，叶厚实。虞美人花径相对较小，花瓣极为单薄，质地柔嫩；而罂粟花朵较大，花瓣质地较厚实，非常有光泽。

## 花菱草·又称加州罂粟、金英花、人参花

**学名** *Eschscholtzia californica* Cham.

**科属** 罂粟科、花菱草属

**识别特征** 多年生草本，常作一年生栽培。株高 30 ~ 60 cm。茎直立，具纵肋，全株被白粉，呈灰绿色。叶互生，基生叶三回羽状细裂，茎生叶小，具柄。花单生于茎和分枝顶端，花开成杯状，花瓣狭扇形，边缘波状反折，黄色，基部具橙黄色斑点。蒴果狭长圆柱形。种子球形，具明显的网纹。花期 4—8 月，果期 6—9 月。

**生态习性** 喜光，稍耐阴。较耐寒，忌高温酷热，喜冷凉干燥气候。稍耐干旱，不耐水涝，宜疏松肥沃、排水良好的砂质壤土。

**园林用途** 花朵繁多，花色艳丽，是良好的花境、花带材料，可大面积片植、丛植，也可盆栽观赏。

**应用要点** 花菱草原产于美国加利福尼亚州。炎热夏季一般处于休眠状态，秋后再萌发。具有一定的毒性，人接触其叶片后可能会引起皮肤过敏。

花菱草的花和花坛

## 繁穗苋·又称鸦谷、老邪谷、天雪米

**学名** *Amaranthus cruentus* L.

**科属** 苋科、苋属

**识别特征** 一年生草本。茎直立，株高 50 ~ 60 cm。单叶互生，长 4 ~ 15 cm，长卵形至卵状披针形，有长柄，全缘。穗状花序簇生叶腋，花期 8—10 月。

**生态习性** 喜光，不耐阴。不耐寒，耐高温，喜湿润及通风良好的环境。耐干旱，忌水涝和湿热，对土壤要求不严，在酸性至微碱性土壤中均能生长。

**园林用途** 株形高大，花色艳丽，花期长，观赏价值高。宜丛植观赏，可用作花境材料，也可配植成花坛图案，还可以作盆栽或者切花材料。

**应用要点** 园林中常用的为红叶红穗的品种，株高仅 40 ~ 60 cm。老邪谷分枝性差，抽穗期不易摘心。

繁穗苋的花序和花丛

## 千日红 · 又称百日红、火球花

千日红的花带、花序、叶和茎

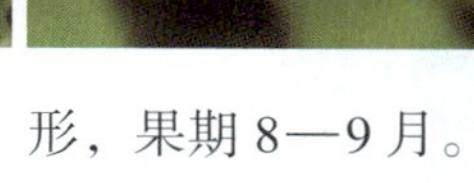

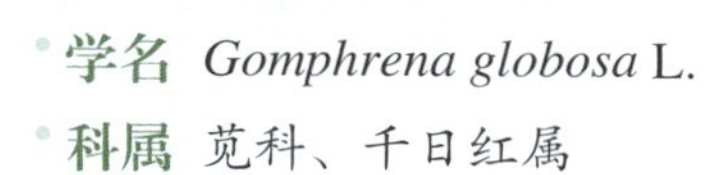

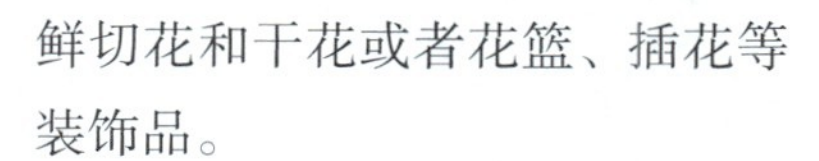



**学名** *Gomphrena globosa* L.

**科属** 苋科、千日红属

**识别特征** 一年生草本。株高 20～60 cm。茎四棱形，全株密被糙毛。单叶对生，长椭圆形，边缘波状，两面有小斑点、白色长柔毛。头状花序顶生，球形或矩圆形，花干而不凋，花色经久不变，花期 6—7 月。胞果近球形，果期 8—9 月。

**生态习性** 喜光，不耐阴。不耐寒，耐热，喜干热环境。耐干旱，忌积水，喜肥沃、疏松、排水良好的砂质壤土。

**园林用途** 花色鲜艳，观赏期长。宜配植于花坛、花境、岩石园观赏；也可作盆栽，搭配其他植物，观赏效果更佳；还可用作鲜切花和干花或者花篮、插花等装饰品。

**应用要点** 原产于美洲热带，中国南北各地均有栽植。温度低于 10℃以下植株生长不良或受冻害。花后修剪可再萌发新枝，继续开花。

## 鸡冠花·又称红鸡冠、鸡冠海棠、老来红

**学名** *Celosia cristata* L.

**科属** 苋科、青葙属

**识别特征** 一年生草本，株高 30 ~ 80 cm。全株无毛，有棱纹凸起。单叶互生，具柄，卵形或披针形，宽 2 ~ 6 cm，全缘。穗状花序顶生，成扁平肉质鸡冠状或火炬状。胞果卵形，种子肾形，黑色。花果期 7—9 月。

**生态习性** 喜光，不耐阴。不耐寒，喜暖热干燥气候。耐干旱，不耐涝，但对土壤要求不严，喜肥沃、湿润的微酸性砂质壤土。

**园林用途** 花色艳丽，花期较长，大量用作花坛、花境布置，也可点缀树丛、草坪外缘，是节日摆花的重要材料。高型品种可供切花之用，也是制作干花的理想材料。

**应用要点** 鸡冠花在中国南北各地均有栽培，广布于温暖地区，园艺栽培品种很多，如凤尾鸡冠花、头状鸡冠花、穗状鸡冠花等。



穗状鸡冠花的花坛和花序

## 锦绣苋 · 又称五色苋、红绿草、五色草

**学名** *Alternanthera bettzickiana* (Regel) Nichols.

**科属** 苋科、莲子草属

**识别特征** 多年生草本，常作一、二年生栽培。株高 20 ~ 50 cm。茎直立或基部匍匐，多分枝，上部四棱形，下部圆柱形，顶端及节部有柔毛。叶片倒卵形或匙形，边缘皱波状，绿色或红色，杂以红色或黄色斑纹。头状花序花腋生或顶生，花小，白色，花期 8—9 月。

**生态习性** 喜光，略耐阴。不耐寒，喜温暖气候，高温高湿则生长不良。不耐干旱，不耐水湿，对土壤要求不严，喜湿润、排水良好土壤。

**园林用途** 植株低矮，耐修剪。常用作模纹花坛，配植成彩色图案，也可用作地被、盆栽等，增添节日气氛。

**应用要点** 因扦插繁殖生根容易，常用于插制立体花坛。夏季生长较快，宜及时进行修剪。不耐寒，入秋以后生长渐慢，经霜则枯萎。栽培中控制土壤水分，避免积水或过湿导致枝叶腐烂。

锦绣苋的叶和模纹花坛

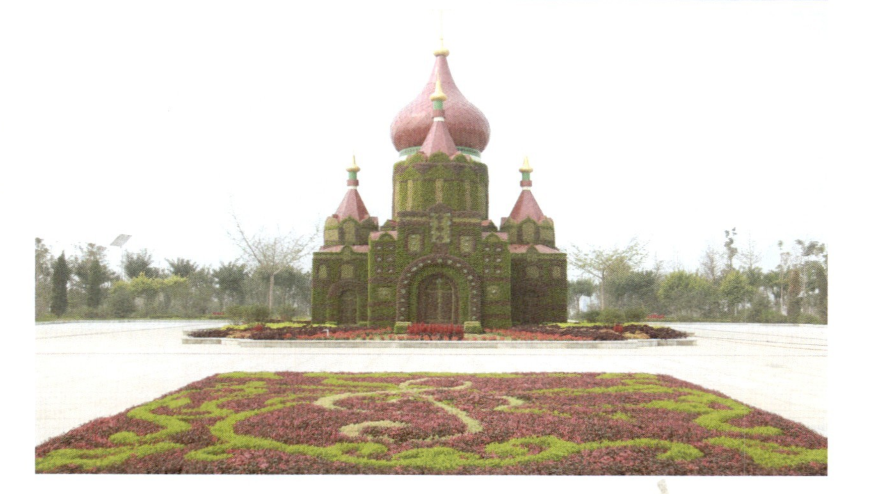



## 马齿苋

**学名** *Portulaca oleracea* L.

**科属** 马齿苋科、马齿苋属

**识别特征** 一年生草本。株高 10 ~ 30 cm。茎细而圆，淡红色带绿色，具匍匐性，多分枝。叶互生，扁平肥厚，匙形至倒卵形。花无梗，数朵簇生枝顶，花瓣 5 或重瓣，常于正午前后光照强时盛开，花期 6—9 月。蒴果，果期 8—11 月。

**生态习性** 喜光，不耐阴。不耐寒，喜温暖、阳光充足而干燥的环境。耐干旱，耐瘠薄，耐盐碱，对土壤要求不严，喜土层深厚、疏松、肥沃、排水良好的砂质壤土，黏重和低洼易积水的地块不宜种植。

**园林用途** 马齿苋为装饰草地、坡地和路边的优良植物，宜在花坛边缘和花境栽植，可作为专类花坛，盆栽小巧玲珑，也可陈列在阳台、窗台、走廊、池边和庭院等多种场所。

**应用要点** 适应性强，管理粗放，只有在阳光下才开放，早、晚、阴天闭合，在阴暗潮湿的地方生长不良，生长期不宜多浇水。

马齿苋的盆栽、花和叶

## 三色堇 · 又称鬼脸花、蝴蝶花

**学名** *Viola tricolor* L.

**科属** 堇菜科、堇菜属

**识别特征** 一、二年生或多年生草本。地上茎粗短，株高10～40 cm。基生叶长卵形或披针形，具长柄，茎生叶叶缘疏生锯齿。花单生叶腋，花瓣椭圆形，有紫、白、黄三色，花期4—7月。蒴果椭圆形，果期5—8月。

**生态习性** 喜光，稍耐阴。耐寒，喜凉爽环境，忌高温。稍耐干旱，忌积水，喜肥沃、排水良好、富含有机质的中性砂质壤土。

**园林用途** 花色、花形新奇，花期长，开花整齐，冬春季节常用于布置毛毡花坛、花丛花坛，成片、成线、成圆镶边栽植都很相宜，也可盆栽观赏，或作组合盆栽布置阳台、窗台等。

**应用要点** 三色堇喜光，光照充足处生长良好，容易开花。气温高、光照强烈时，应注意尽早浇水，不能积水。花凋谢后修剪残花，可再次开花。

三色堇的花坛、叶和花

## 角堇 · 又称小三色堇

**学名** *Viola cornuta* Desf.

**科属** 堇菜科、堇菜属

**识别特征** 一、二年生草本。地上茎短，株高10～20 cm。单叶，长卵形，先端钝圆，叶缘具缺刻。花小，径2～4 cm，两侧对称；萼片、花瓣各5，上边两片圆瓣，下边三片花瓣，有时上下瓣呈不同颜色，常有花斑。蒴果椭圆形。花期因不同播种时间而不同。

**生态习性** 喜光，稍耐阴。耐寒性强，在长江流域可越冬，可耐轻度霜冻，忌高温，但比三色堇耐高温，喜凉爽气候。不耐干旱，也不耐涝，喜有机质含量高、排水良好的砂质壤土。

**园林用途** 开花早，花期长，为早春布置花坛的优良材料，适合公园、绿地、庭院等路边大面积栽培或营造群体景观，也可作盆栽观赏。

**应用要点** 角堇和三色堇简易的分辨方法是看花的大小，角堇的花径2～4 cm，而三色堇的花径一般在4 cm以上。角堇超过20℃枝条易伸长，不易形成紧凑株形，超过30℃生长受阻，但其比三色堇耐高温，长江中下游地区露地栽培至6月中旬仍有观赏价值。

角堇的花坛、叶和花

## 紫罗兰 · 又称草桂花、草紫罗兰

**学名** *Matthiola incana*（L.）R. Br.

**科属** 十字花科、紫罗兰属

**识别特征** 多年生草本，作一、二年生栽培。茎直立，株高30 ~ 60 cm。基部稍木质化，全株披绒毛。叶互生，长圆形或倒披针形，全缘、微波状，灰绿色。总状花序顶生，具芳香；萼片直立，长椭圆形；花瓣具爪，紫红、淡红或白色，花期4—7月。长角果，种子近扁圆形，深褐色。

**生态习性** 喜光，不耐阴。稍耐寒，喜冷凉环境，冬季能耐−5℃低温，忌燥热。稍耐干旱，不耐水湿，喜疏松肥沃、湿润深厚的中性或微碱性壤土。

**园林用途** 紫罗兰花色艳丽，具浓香，花期长，是春季花坛的主要花卉，也适合盆栽观赏，还可作切花和水培。

**应用要点** 紫罗兰原产于欧洲南部，怕渍水，宜植于位置较高、排水通畅地点。中国南方梅雨季节、天气炎热而通风不良时，紫罗兰易受病虫危害。

紫罗兰的植株、叶、花和花坛

## 羽衣甘蓝 · 又称叶牡丹

**学名** *Brassica oleracea* var. *acephala* DC.

**科属** 十字花科、芸薹属

**识别特征** 二年生观叶草本。株高 20 ~ 40 cm。叶莲座状，宽大匙形，叶缘呈细波状褶皱，叶色丰富，有翠绿、黄绿、蓝绿或白色等。总状花序顶生，浅黄色，花期 4 月。角果，6 月果熟。

羽衣甘蓝的植株和花坛

**生态习性** 喜光，稍耐阴。稍耐寒，喜冷凉气候。不耐干旱，不耐水湿，喜腐殖质丰富、肥沃的壤土或黏质壤土。

**园林用途** 叶形美观，叶色鲜艳，观叶胜观花。在冬春少花季节，常用于花坛、花带的布置，也可用于盆栽观赏等。

**应用要点** 羽衣甘蓝有圆叶、皱叶、裂叶三个品系，成簇栽培景观格外优雅。要及时除去基部的老叶、黄叶，以利植株间的通风透光，剪除花薹可以延长叶片的观赏期。

## 诸葛菜 · 又称二月蓝、二月兰

**学名** *Orychophragmus violaceus* (L.) O. E. Schulz

**科属** 十字花科、诸葛菜属

**识别特征** 一年或二年生草本。茎直立，株高 30 ~ 50 cm。叶互生，基生叶及下部茎生叶羽状全裂，上部叶长圆形，有缺刻。总状花序顶生，花淡紫色或白色，花期 3—5 月。长角果，线形具 4 棱，果期 5—6 月。

诸葛菜的地被、叶和花

**生态习性** 喜光，稍耐阴。耐寒，适应性强，从华北到长江流域都可种植。耐干旱，耐贫瘠，不耐水涝，对土壤要求不严，酸性土壤和碱性土壤中均可生长。

**园林用途** 花蓝紫色，绿叶紫花，十分壮观。园林中常片植作地被，可配置于树池、林下、篱边、路旁、草地、假山石周围、山谷中等，极富自然野趣，同时也可保持水土、涵蓄水源。

**应用要点** 诸葛菜少有病虫害，适应性广，管理粗放、观赏期长，可在早春营造出自然、美丽的景观效果。树荫下叶形变大或成羽状深裂。

## 多花报春·又称西洋樱草

**学名** *Primula* × *polyantha* Mill.

**科属** 报春花科、报春花属

**识别特征** 多年生草本，常作一、二年生栽培。株高 15 ~ 30 cm。叶莲座状基生，深绿色，倒卵形，先端圆，叶面褶皱，边缘波状浅裂。伞形花序丛生，花5基数，花色多变，花期1—4月。蒴果球形至筒状。

**生态习性** 喜光，不耐暴晒。喜凉爽气候，不耐高温，高温时须适当遮阴。不耐干旱，喜富含腐殖质、排水良好的土壤。

**园林用途** 叶片浓绿，花朵紧密、硕大，花色丰富，可作盆栽室内观赏。园林中可配置于岩石园或花坛、花境中，也可在绿地中片植。

**应用要点** 品种极为丰富，花色有黄、橙、红、紫、蓝、白等。喜凉爽，忌高温，30℃以上生长受影响，应置于通风良好的阴凉处，夏秋两季需要遮阴。

多花报春的花坛、叶和花



## 旱金莲·又称金莲花、旱莲花、荷叶七

**学名** *Tropaeolum majus* L.

**科属** 旱金莲科、旱金莲属

**识别特征** 一年生或多年生草本。茎稍肉质，中空，半蔓生。叶互生，圆形，主脉9条，由叶柄处向四面放射，边缘波状，背面被疏毛。花单生叶腋，喇叭状，5基数，黄色、紫色或橘红色，花期6—10月。果扁球形，熟时3裂，果期7—11月。

**生态习性** 喜光，稍耐阴。不耐寒，喜凉爽气候，忌夏季高温酷热。稍耐干旱，不耐涝，喜肥沃而排水良好的砂质壤土。

**园林用途** 可用于盆栽装饰阳台、窗台或置于室内书桌、几架上观赏，也可以用作花坛材料。

**应用要点** 旱金莲原产于南美秘鲁、巴西等地。中国普遍引种作为庭院或者温室观赏植物。栽培过程中，应保持土壤排水良好，防止积水，否则会造成烂根。蔓性茎伸长要设架支撑，若要花繁叶茂，小苗时就应该打顶，促进侧枝生长。

旱金莲的盆栽和叶

## 新几内亚凤仙花·又称新几内亚凤仙、四季凤仙

**学名** *Impatiens hawkeri* W. Bull.

**科属** 凤仙花科、凤仙花属

**识别特征** 多年生草本，常作一年生栽培。株高 30 ~ 60 cm。茎粗壮，肉质，多汁。叶互生，狭卵形，先端渐尖，基部楔形，缘具尖锯齿。花单生叶腋，花冠具长距，花色丰富，有白、粉、紫等颜色。花期 7—10 月。

**生态习性** 喜光，不耐阴。耐热，不耐寒，喜温暖通风环境。忌水湿，也不耐干旱，喜疏松肥沃、排水良好的微酸性土壤。

**园林用途** 各地庭院广泛栽培，为常见观赏花卉。花色、品种极为丰富，是花坛、花境、花篱常用材料，可丛植、群植和盆栽观赏。

**应用要点** 新几内亚凤仙花原产于非洲，生长适温 22 ~ 25℃，夏季不耐高温暴晒，冬季不耐霜冻；夏秋干燥季节，应喷水增湿，但不可长期保持高湿状态，空气湿度大易患霜霉病和软腐病。



新几内亚凤仙花的花冠、距、叶和花坛

## 长春花 · 又称日日草、日日新

**学名** *Catharanthus roseus* (L.) G. Don

**科属** 夹竹桃科、长春花属

**识别特征** 亚灌木，常作一年生栽培。株高可达 60 cm。茎直立，近方形。叶对生，膜质，倒卵形或椭圆形，长 3 ~ 4 cm。聚伞花序腋生或顶生，花萼 5 深裂，花冠高脚碟状，花色较多，可全年开花。蓇葖果双生。

**生态习性** 喜光，略耐阴。不耐寒，喜温暖环境，耐高温。稍耐干旱，忌湿怕涝，一般土壤均可栽培，以排水良好、通风透气的砂质壤土或富含腐殖质的土壤为好。

长春花的花丛、叶和花

**园林用途** 长春花叶色浓绿，开花繁茂，花色艳丽，花期长，常用作花坛、花境材料，也可盆栽观赏。

**应用要点** 温度适宜，长春花可常年开花，而且长势旺盛、病虫害少，布置于室内阳台、窗台均能正常生长。



## 矮牵牛 · 又称碧冬茄、灵芝牡丹

**学名** *Petunia hybrida* Vilm.

**科属** 茄科、矮牵牛属

**识别特征** 一、二年生草本。茎匍匐，株高 10 ~ 40 cm。全株被腺毛。单叶互生，叶卵形，先端渐尖，全缘，侧脉不显著。花单生叶腋或顶生，花冠漏斗状，有白、紫或红等色。花期 4—10 月。蒴果圆锥状，种子近球形。

**生态习性** 喜光，稍耐阴。喜温暖湿润环境，不耐寒，低于 4 ℃植株停止生长。稍耐干旱，不耐水湿，喜疏松、排水良好的砂质壤土。

**园林用途** 花大而多，开花繁盛，为优良的花坛和盆栽花卉。垂枝型可作花篮、花钵、吊盆栽植。广泛用于景点摆设、窗台点缀和家庭装饰，大面积栽培具有地被效果。

**应用要点** 梅雨季节雨水较多，对矮牵牛生长不利，茎叶容易徒长；花期雨水多，花朵易褪色或腐烂。

矮牵牛的花、植株、叶和花坛

## 金叶甘薯

**学名** *Ipomoea batatas* 'Golden Summer'

**科属** 旋花科、番薯属

**识别特征** 多年生草本，常作一年生栽培。茎匍匐，长可达2 m。地下部分具肥大块根。叶互生，叶形多变，犁形至三角状心形等，基部心形或近平截，全缘或具缺裂，黄绿色。聚伞花序，花冠钟状或漏斗状，粉白色，喉部紫红色。

金叶甘薯的盆栽、茎和叶

**生态习性** 喜光，稍耐阴。耐热，不耐寒，长江流域不能露地越冬。稍耐干旱，不耐水涝，喜排水良好的砂质壤土。

**园林用途** 叶常年金黄，植株生长繁茂，耐热性好，观赏价值高。可地栽作地被，也可盆栽观赏，最宜与其他花卉配植作组合盆栽，垂吊观赏。

**应用要点** 甘薯园艺品种众多，现广泛栽培于世界各亚热带、热带地区。对低温较敏感，光照不足，生长势弱、易徒长。

## 彩叶草

**学名** *Coleus hybridus* Hort. ex Cobeau

**科属** 唇形科、鞘蕊花属

**识别特征** 多年生草本，常作一年生栽培。株高30～80 cm。茎四棱形，紫色，被柔毛。叶对生，卵圆形，表面粗糙，边缘具圆齿状锯齿，下面常散布红褐色腺点，叶色多变。轮伞花序多花，花冠浅紫至紫或蓝色，花期7月。小坚果圆形，褐色。

**生态习性** 喜光，稍耐阴。不耐寒，喜温暖湿润环境，气温低于5℃植株枯死。不耐干旱，也不耐水湿，喜肥沃、疏松、排水良好的砂质壤土。

**园林用途** 为常见观叶花卉，叶色鲜艳，观赏期长。可以露地栽培，也可以室内盆栽观赏，室外常用于布置模纹花坛的图案，也可用作花境或花带。

**应用要点** 彩叶草生长旺季植株生长过高，应加以截顶、摘心，促使基部分枝，保持优良株态。花序生成后要立刻去除，以免影响叶片观赏效果。

彩叶草的植株和花

## 毛地黄 · 又称洋地黄、自由钟等

· **学名** *Digitalis purpurea* L.

· **科属** 玄参科、毛地黄属

· **识别特征** 多年生草本，作一、二年生栽培。茎直立，株高60 ~ 120 cm。除花冠外，全株被柔毛和腺毛。基生叶多数呈莲座状，叶柄具狭翅，少有锯齿；下部茎生叶与基生叶同形，向上渐小。总状花序顶生，自下而上开放，花萼钟状，5裂，花冠二唇形，紫红、白色等，内面具斑点，花期5—6月。蒴果卵形。种子短棒状。

· **生态习性** 喜光，耐半阴。稍耐寒，忌炎热，长江流域以南地区露地越冬。耐干旱，耐瘠薄，喜湿润、排水良好的土壤。

· **园林用途** 植株高大，花序修长，花形优美，常用于花境、花坛及岩石园种植，也可作花带布置，还可用作盆栽或切花。

· **应用要点** 毛地黄原产于欧洲，光照适应性强，花期春夏之间，既可以与春季花卉搭配，也可以与夏季花卉搭配，用途极其广泛。

毛地黄的植株和花序

## 风铃草 · 又称钟花、瓦筒花、风铃花

· **学名** *Campanula medium* L.

· **科属** 桔梗科、风铃草属

· **识别特征** 二年生草本。株高约1 m，茎粗壮，多毛。莲座叶卵形，叶缘圆齿状波形，粗糙，叶柄具翅；茎生叶互生，无柄。总状花序顶生，花冠钟状，5浅裂，基部略膨大，花色有白、蓝、紫等，花期4—6月。蒴果，果期7—9月。

· **生态习性** 喜光，耐半阴。耐寒性不强，忌炎热，喜通风良好的环境。不耐干旱，不耐水湿，喜深厚肥沃、排水良好的中性至微碱性土壤。

· **园林用途** 风铃草花形奇特，开花繁茂，宜配植于花园、庭院、水岸边、林缘等处观赏，也可作花坛、花境材料，还可盆栽布置于客厅、阳台等处。

· **应用要点** 风铃草株形粗壮，花朵钟状似风铃，花色明丽素雅，适宜成片种植。夏季的酷热天气容易引起植株的枯萎，需要适时加强叶面的喷水和降温，而高温高湿又容易引起植株腐烂，适当遮阴或加强通风则有助于防止病害发生。

风铃草的地被、叶和花

## 白晶菊 · 又称小白菊

**学名** *Mauranthemum paludosum*（Poir.）Vogt et Oberpr.

**科属** 菊科、白晶菊属

**识别特征** 二年生草本。株高15～25 cm。单叶互生，一至两回羽状深裂。头状花序顶生，盘状，边缘舌状花银白色，中央筒状花金黄色；花期3—5月。瘦果，果期5月。

**生态习性** 喜光，耐半阴。稍耐寒，喜温暖湿润环境，中国上海以南地区露地越冬，不耐酷热。稍耐干旱，不耐涝，喜疏松肥沃的砂质壤土。

**园林用途** 株丛矮小，叶翠绿，花形美丽。常用于花坛、花境及作墙垣边、山石旁栽培，也可片植于林缘或公路隔离带作绿化，还可盆栽观赏。

**应用要点** 本种原产于非洲北部，广泛分布于地中海沿岸，不耐酷暑，可通过适当遮阴或采取叶面喷水、加强通风的方法，防止植株受害。

## 百日菊 · 又称百日草

· **学名** *Zinnia elegans* Jacq.

· **科属** 菊科、百日菊属

· **识别特征** 一年生草本。茎直立，株高 30 ~ 90 cm。叶对生，无柄，长圆状椭圆形，基部心形。头状花序单生枝端；舌状花深红色或白色，舌片倒卵圆形，先端 2 ~ 3 齿裂或全缘，上下被毛；管状花黄色或橙色；花期 6—9 月。瘦果倒卵形，果期 7—10 月。

· **生态习性** 喜光，不耐阴。不耐寒，喜温暖湿润气候。耐干旱，耐瘠薄，不耐水湿，在肥沃深厚土壤中生长良好。

· **园林用途** 花大色艳，开花早，花期长，株型美观，可按高矮分别用于花坛、花境、花带，夏季花坛应用较多，可大片种植作花海景观，也常用于各种容器栽植。高型品种可用作切花。

· **应用要点** 本种原产于墨西哥，有单瓣、重瓣、卷叶、皱叶和各种不同颜色的园艺品种，中国各地均有栽培，从播种到开花最多需要三个月时间。作为速生花卉，非常适合替补一些春季开花的宿根花卉，延续夏秋季的景观效果。

百日菊的花序和植株

## 大波斯菊 · 又称秋英、波斯菊

· **学名** *Cosmos bipinnatus* Cav.

· **科属** 菊科、秋英属

· **识别特征** 一年生或多年生草本。茎直立，株高 1 ~ 2 m。叶二次羽状深裂，裂片线形或丝状线形。头状花序单生，花序梗长，总苞片外层披针形或线状披针形；舌状花紫红色、粉红色或白色；管状花黄色，花期 6—8 月。瘦果黑紫色，有尖刺；果期 9—10 月。

· **生态习性** 喜光，耐半阴。不耐寒，稍耐热，喜温暖湿润气候。不耐干旱，忌积水，喜疏松肥沃、排水良好的砂质壤土。

· **园林用途** 株形高大，叶形雅致，花色丰富，适合布置花境，或成片种植于草地边缘、树丛周围及路旁；也可植于篱边、山石、崖坡、树坛或宅旁；还可作为花海种植的材料。

· **应用要点** 本种原产于美洲，中国栽培广泛，园艺品种众多，通常用于温带气候花园。开花期间，植株下垂，可将植物基部组合在一起，或者将叶片挂在一起来解决。可以多次摘心，以增加分枝。

大波斯菊的植株和花序

## 翠菊·又称江西腊、五月菊

**学名** *Callistephus chinensis* (L.) Nees

**科属** 菊科、翠菊属

**识别特征** 一年生或二年生草本。株高 30 ~ 100 cm。茎直立，有纵棱，被白色糙毛。单叶互生，中部茎生叶菱状卵形，被短硬毛；上部茎生叶菱状披针形，有锯齿或全缘。头状花序单生茎顶，有长花序梗。瘦果稍扁，长椭圆状披针形，有纵棱，被柔毛。花果期 5—10 月。

**生态习性** 喜光，稍耐阴。不耐寒，也不耐热。不耐干旱，不耐涝，不择土壤，喜湿润、肥沃砂质壤土。

**园林用途** 花色丰富，花期长。矮生品种适合夏秋花坛、花境和花台装饰以及盆栽供室内观赏；高秆品种常用于背景花卉，也是良好的切花材料。

**应用要点** 本种产于中国华北、东北和西南地区，在日本、朝鲜都有栽培和野生类型。翠菊为浅根性植物，高型品种较中矮型品种适应性强，矮型品种需要精细管理。

翠菊的叶和植株





## 向日葵·又称丈菊

**学名** *Helianthus annuus* L.

**科属** 菊科、向日葵属

**识别特征** 一年生草本。茎直立，粗壮，圆形多棱角，有白色粗硬毛，株高可达 2 m。叶互生，卵形或卵圆形，边缘锯齿，两面粗糙，有长柄。头状花序单生茎顶，舌状花一轮，黄色，花期 7—9 月。瘦果，果期 8—9 月。

**生态习性** 喜光，不耐阴。不耐寒，喜温暖湿润气候。耐干旱，不耐水湿，各类土壤中均能生长，具有一定耐盐碱能力。

**园林用途** 生长迅速，种植两个月即可开花，成片种植，开花时极为壮观。园林绿化中常用于布置夏秋季花坛、花境或林缘种植，小型品种也可以盆栽观赏。

**应用要点** 向日葵栽培应选择平整、肥力中等、黏性较小的土壤。片植时，片与片区间宜作垄，方便游人深入区域内观赏。

向日葵的总苞、花序和植株

## 藿香蓟 · 又称胜红蓟

· **学名** *Ageratum conyzoides* L.

· **科属** 菊科、霍香蓟属

· **识别特征** 多年生草本，常作一年生栽培。茎直立，株高 20 ~ 60 cm，全株具毛。叶对生，卵圆形至长圆形，边缘圆锯齿。头状花序顶生，白色或紫色。瘦果黑褐色，有白色冠毛。花果期全年。

· **生态习性** 喜光，稍耐阴。不耐寒，喜温暖湿润环境，越冬温度需要在 5℃以上，酷暑期生长略受抑制。稍耐干旱，耐瘠薄，对土壤要求不严，过湿或过肥会开花不良。

· **园林用途** 花朵繁密，花色淡雅，是夏秋常用的观花植物，常用于布置花坛，也可用作花境材料或地被植物片植于林缘和草地边缘，还可用于岩石园或盆栽。

· **应用要点** 藿香蓟的环境适应性很强，具有一定的入侵性，栽培中应花后及时修剪，防止结实。园林种植时要保持株型矮、紧凑，必须进行多次摘心，才可以很好地覆盖地面。

藿香蓟的植株、叶和花序

## 金盏花 · 又称金盏菊

· **学名** *Calendula officinalis* L.

· **科属** 菊科、金盏花属

· **识别特征** 多年生草本，作一、二年生栽培。茎直立，株高 20 ~ 75 cm。全株被腺状柔毛。叶互生，基生叶长圆状倒卵形，长 15 ~ 20 cm，全缘或具细齿，具柄；茎生叶长圆状披针形，无柄，边缘波状具细齿。头状花序单生枝端，花黄或橙黄色，花期 4—9 月。瘦果弯曲，果期 6—10 月。

· **生态习性** 喜光，不耐阴。稍耐寒，喜凉爽气候，中国长江以南地区可露地越冬，忌酷热。稍耐干旱，忌水涝，喜肥沃、湿润、排水良好的壤土。

· **园林用途** 花头硕大，花色金黄，花期早，是早春常用的花坛植物，品种繁多。广泛应用于各类绿地，除用作花坛外，还可作盆栽观赏。

· **应用要点** 金盏花原产于欧洲。自然花期 3—6 月，在冷凉全光照环境下，有利于花芽分化及花期延长，炎热夏季其植株易于高温期停长枯萎。

金盏花的地被和花序

## 雏菊 · 又称延命菊、春菊

**学名** *Bellis perennis* L.

**科属** 菊科、雏菊属

**识别特征** 多年生宿根草本，常作一年生栽培。株高约 10 cm。叶基生，匙形，上半部边缘有疏钝齿或波状齿。头状花序单生花葶顶端，花葶被毛，总苞片近 2 层，舌状花一轮或多轮，花色较多，管状花多数，黄色，花期 2—3 月。瘦果倒卵形。

**生态习性** 喜光，耐半阴。喜冷凉气候，忌炎热，不耐寒，5℃以上可露地越冬。不耐潮湿，对栽培地土壤要求不严格，适于排水良好的肥沃土壤。

**园林用途** 色彩艳丽，小巧可爱，可观花、观叶。可用于花坛、花带、花境边缘或者作地被、盆栽等。

**应用要点** 雏菊原产于欧洲，在中国有广泛栽植。雏菊常用于街头美化，可与金盏菊、三色堇、杜鹃、红叶小檗等配植。花期长，耐寒能力强，是早春地被花卉的首选。



雏菊的花序、叶和地被

## 观赏谷子 · 又称御谷、珍珠粟

**学名** *Pennisetum glaucum* (L.) R. Br.

**科属** 禾本科、狼尾草属

**识别特征** 一年生草本，植株高 1.2 ~ 1.5 m。秆圆柱形。叶两列互生，宽条形，基部呈心形，叶暗绿色并带紫色。穗状圆锥花序，主轴硬直，密被紫色绒毛，小穗倒卵形。颖果棕褐色，近球形或梨形。花果期 9—10 月。

**生态习性** 喜光，稍耐阴。不耐寒。喜温暖湿润环境。稍耐干旱，不耐水湿，喜疏松、肥沃、排水良好的土壤。

**园林用途** 叶色雅致，外形像传统作物谷子，是近年来常见的观叶植物，适于公园、绿地的路边、水岸边、山石边或墙垣边大面积片植观赏，也可种植于花坛中心或花境一侧。

**应用要点** 观赏谷子为须根系，要及时除草、松土和挖穴，并适当培土，以防倒伏。

观赏谷子的花序和植株

园林植物识别与应用

# 5 多年生植物的识别与应用

多年生植物一般是指生命周期可以延续多年的草本植物，包括周年常绿的种类和地上部分季节性枯萎的种类。根据不同的分类标准，可以将多年生植物归入不同的类别中。本书根据其生态习性和植株形态，将多年生植物分为宿根植物、球根植物和水生植物三类。

# 5.1 宿根植物

根据地上部分叶生长的习性，宿根植物又可以分为常绿宿根类和落叶宿根类，常绿宿根类的叶周年常绿，落叶宿根类的叶冬季时枯萎。

## 5.1.1 常绿宿根类

### 常夏石竹 · 又称羽瓣石竹

**学名** *Dianthus plumarius* L.

**科属** 石竹科、石竹属

**识别特征** 多年生常绿草本。株高 15 ~ 30 cm；茎蔓状簇生，上部常有分枝，茎节膨大，被白粉；叶对生，长线形，灰绿色。花常 2 ~ 3 朵顶生枝端，花萼管状，5 齿裂；花瓣 5，具爪，瓣缘繸状深裂达中部，喉部具斑纹。园艺品种较多，有单瓣、重瓣，有白、粉、紫等花色。花期 5—10 月。

**生态习性** 喜光，不耐阴。耐寒，适应性强，中国各地有栽培。耐干旱，不耐水湿，在酸性到微碱性土壤中均可生长。

**园林用途** 植株小巧纤细，叶色周年常绿，盛花时繁花满地，盛花后仍开花不断。可作林缘、缓坡草地、河道护坡或道路两侧的地被，也可作花境、花坛或岩石园的材料。

**应用要点** 不耐水湿，积水常引起死亡；植于荫蔽处常不开花。

常夏石竹的植株、花和叶

## 金叶过路黄

**学名** *Lysimachia nummularia* 'Aurea'

**科属** 报春花科、珍珠菜属

**识别特征** 多年生常绿草本。株高 5 ~ 10 cm，具匍匐茎，长可达 1 m；单叶，对生，肾形至圆形，全缘，叶柄短，新叶嫩黄，成叶金黄，霜后边暗红色。花单生叶腋，花瓣 5，黄色。花期 5—7 月。

**生态习性** 喜光，稍耐阴。喜凉爽气候，耐寒，不耐湿热，山东地区可露地越冬。耐干旱，忌积水，不择土壤，喜排水良好酸性至中性土壤。

**园林用途** 植株低矮，枝叶细密、平整，叶色金黄，如片片金甲，入秋叶色由金黄变暗红，颇具观赏价值。可植于花坛边缘作镶边材料，也可植于花境、林缘、草坪或树穴片植，还可用于岩石园栽培。

**应用要点** 植于光线充足处叶色更黄艳，长江流域梅雨季节易滋生病害，须保持土壤排水通透，并提前做好病害防治。

金叶过路黄的地被和叶



## 长寿花

**学名** *Kalanchoe blossfeldiana* Poelln.

**科属** 景天科、伽蓝菜属

**识别特征** 多年生常绿草本。茎直立，株高 10 ~ 30 cm；单叶，交互对生，长圆形，上部波状或具圆齿，下部全缘；圆锥状聚伞花序，着花 80 ~ 280 朵，小花高脚碟状，花瓣 4 枚；花桃红、橙红等色。花期冬季。

**生态习性** 喜光照充足，稍耐阴。喜温暖湿润，不耐寒。喜肥沃、排水良好的土壤。

**园林用途** 植株低矮，株形紧凑，周年常绿，开花繁茂，成团成簇，花期正值冬季少花季节。常作盆花栽培，开花时放置于室内观赏。

**应用要点** 长寿花为短日照植物，可通过遮光调节花期，使其提前开花。

长寿花的植株和花

## 垂盆草 · 又称爬景天、狗牙齿

**学名** *Sedum sarmentosum* Bunge

**科属** 景天科、景天属

**识别特征** 多年生常绿草本。植株低矮，匍匐生长，高10～20 cm；3叶轮生，倒披针形至长圆形；二歧聚伞花序；花小，无柄，萼片5，花瓣5，黄色。花期7—9月。

**生态习性** 耐寒，耐湿，耐干旱贫瘠。分布范围广，中国东北、西北、华北、西南、华中、华东地区均产，对土壤适应性较强，喜肥沃、腐殖质丰富土壤。

**园林用途** 枝叶细密，植丛平整，周年常绿。最宜作为屋顶绿化和垂直绿化材料，也可作封闭式绿地的地被，还可作盆景、花坛的材料。

**应用要点** 本属观赏植物较多，容易混淆的主要有佛甲草（*S. lineare* Thunb.）。两者区别在于：佛甲草的叶为线形至线状倒披针形，垂盆草的叶为倒披针形至椭圆状长圆形。垂盆草和佛甲草茎叶肉质，不耐践踏，应用中应选择封闭式绿地或无践踏毁伤处。

垂盆草（上）、金叶佛甲草（下）的植株和叶

## 虎耳草 · 又称金线吊芙蓉

虎耳草的叶、花序和地被

**学名** *Saxifraga stolonifera* Curt.

**科属** 虎耳草科、虎耳草属

**识别特征** 多年生常绿草本。具匍匐茎，株高 10 ~ 15 cm；基生叶，具长柄，叶片圆形或肾形，基部心形，边缘具浅裂，上面具绿白网状脉纹，下面紫红色，茎生叶披针形。聚伞花序圆锥状顶生花冠两侧对称，花瓣 5 枚，其中 3 枚较短，白色。花期 4—11 月。

**生态习性** 喜阴，不耐晒。喜凉爽湿润环境，不耐高温，稍耐寒，杭州地区可常绿越冬。不耐干旱，喜排水良好、疏松透气、富含腐殖质的酸性土壤。

**园林用途** 植株低矮，叶片稠密，叶形奇特，四季常绿，叶色富于变化，花期整齐。园林中常作为耐阴地被种植于林下或建筑北侧阴湿环境中，也可盆栽观赏。

**应用要点** 忌阳光直射，不宜布置于空旷地和阳光折射处；9 月至翌年 5 月为最佳观赏期，花后应及时清除残株并做好病虫害防治。

## 矾根 · 又称肾形草

矾根的地被、叶、植株和花序



**学名** *Heuchera micrantha* Douglas ex Lindl.

**科属** 虎耳草科、矾根属

**识别特征** 多年生常绿草本。地上茎短，株高 10 ~ 25 cm；单叶基生，具长柄，阔心形，掌状裂，长 20 ~ 30 cm，宽 8 ~ 10 cm，边缘波状，叶色变化较大。圆锥花序顶生，花小，花冠钟形，粉、白、紫色。花期 4—6 月。

**生态习性** 喜光，稍耐阴。喜凉爽气候，耐寒，北京可露地越冬。忌积水，不耐湿热，要求疏松透气、富含腐殖质的酸性土壤。

**园林用途** 植株低矮，叶片浓密、株形紧凑，叶形美观、叶色鲜艳，是优良的彩叶地被。园林中可作为林下地被，也可用于花境材料布置于中下层。

**应用要点** 不耐湿热，忌积水，种植时应对土壤进行改良，保持疏松透气。

## 美丽月见草 · 又称粉花月见草

**学名** *Oenothera speciosa* Nutt.

**科属** 柳叶菜科、月见草属

**识别特征** 多年生常绿草本。茎直立，株高 40 ~ 60 cm。单叶互生，基生叶常羽裂，茎生叶线形或披针形，具不规则波状齿。花单生或 2 朵聚生于茎上部叶腋，花瓣 4，具深色脉纹，柱头 4 裂，初开时白色，后变粉红色。花期 4—7 月。

**生态习性** 喜光，稍耐阴。喜温暖，不耐寒，长江流域可露地越冬。耐干旱，忌积水，喜肥沃、排水良好砂质壤土。

**园林用途** 生长繁茂，叶色青翠，周年常绿，花色淡雅，花形美观，傍晚开放至翌晨。常作一、二年生栽培布置花坛，也可用作花境材料，还可作开花地被布置于缓坡、道路两侧、林缘或林下。

**应用要点** 定植时宜多施磷钾肥，花后应及时修剪防止倒伏。

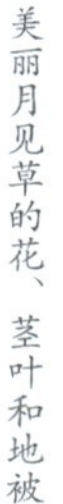

美丽月见草的花、茎叶和地被

## 蔓长春花 · 又称长春蔓

**学名** *Vinca major* L.

**科属** 夹竹桃科、蔓长春花属

**识别特征** 多年生常绿藤本。分为营养枝和开花枝，分枝可达 1 m，株高达 30 ~ 40 cm；单叶，对生，卵形，全缘。花单生叶腋，花冠喇叭状，5 裂，蓝色。花期 4—5 月。

**生态习性** 喜光，稍耐阴。喜温暖湿润气候，稍耐寒，黄河以南地区栽培，上海地区可常绿。耐干旱，不择土壤，喜肥沃砂质壤土。

**园林用途** 枝蔓横卧，叶色浓绿，周年常绿，花形规整，花色艳丽。最宜布置于花坛、台阶两侧或道路旁观赏，也可片植于林下、草坪或林缘作地被，还可盆栽垂吊观赏。

**应用要点** 适应性强，可阴可阳，管理粗放，高温多雨季节应防根、茎腐烂。

常用园艺品种有花叶蔓长春花（*V. major* 'Variegata'），叶缘有黄色镶边。

蔓长春花的花枝、花冠（上）和花叶蔓长春花的地被、花枝（下）

## 牛至

牛至（左）和金叶牛至（右）的地被

**学名** *Origanum vulgare* L.

**科属** 唇形科、牛至属

**识别特征** 多年生常绿草本。茎直立或平卧，株高 30 ~ 50 cm；单叶，对生，卵形至圆状卵形，全缘两面被柔毛，全缓或具细齿，先端钝，叶柄短，具毛。穗状花序集生成顶生伞房状圆锥花序，花冠管状钟形，两性花冠筒长 5 mm，伸出花萼，雌花冠筒长约 3 mm，均疏被短柔毛，上唇卵形，2 浅裂，紫红或白色。花期 7—10 月。

**生态习性** 喜光，稍耐阴。喜温暖湿润气候，稍耐寒。不择土壤，耐贫瘠，喜排水良好中性至微碱性土壤。

**园林用途** 枝叶繁密，株丛平整，叶色翠绿，开花繁茂，叶有香味。常用于花境，也可片植于林缘、草坪或树穴，还可用于岩石园或芳香园。

**应用要点** 常作为芳香植物用于芳香植物园，可作为调味用芳香植物。

常用园艺品种有金叶牛至（*O. vulgare* 'Aureum'），叶金黄色。

## 花叶薄荷

**学名** *Mentha rotundifolia* 'Variegata'

**科属** 唇形科、薄荷属

**识别特征** 多年生常绿草本。株高 30 ~ 40 cm；茎稍匍匐；叶交互对生，椭圆形至圆形，基部心形，常无柄，全株被毛，叶脉凹陷，叶缘黄白色，具不规则波状齿。穗状花序，乳白色。花期 7—9 月。

**生态习性** 喜光，稍耐阴。耐寒，喜温暖、湿润环境。喜微酸性至中性、肥沃、湿润、排水良好的砂质壤土。

**园林用途** 周年常绿，叶形雅致，叶色黄绿交错，株丛低矮，质地细密。可片植于草坪、路侧或林缘作地被，也可作为彩叶植物布置花坛或作花境材料。

**应用要点** 本种为圆叶薄荷的园艺品种，为常绿芳香草本，可用于配置芳香植物专类园。

花叶薄荷的地被和植株

## 美国薄荷

**学名** *Monarda didyma* L.

**科属** 唇形科、美国薄荷属

**识别特征** 多年生常绿草本。株高 50 ~ 100 cm；茎直立，四棱形；叶交互对生，卵形至卵状披针形，被毛。轮伞花序集生成头状，萼片披针形，花冠筒上部膨大，裂片成二唇形，深红或桃红色。花期 6—7 月。

**生态习性** 喜光，稍耐阴。耐寒，北京地区可露地越冬，喜凉爽气候，也耐热。耐干旱，不择土壤，喜肥沃、排水良好土壤。

**园林用途** 株丛整齐，花期集中，开花繁茂，花色鲜艳。为优良的花境材料，也可植于林缘、路边、溪边或草坪边缘作地被。

**应用要点** 栽培中可通过修剪控制高度和花期。



美国薄荷的地被和植株

## 莨力花

**学名** *Acanthus mollis* L.

**科属** 爵床科、老鼠簕属

**识别特征** 多年生常绿草本。株高 50 ~ 100 cm；根肉质肥大，茎短缩；叶基生，羽状深裂。总状花序顶生，苞片大型，红褐色，形似鸭嘴，小花多数，二唇，上唇较小为苞片覆盖，下唇较大，伸出苞片。花期 5—6 月。

**生态习性** 喜光，稍耐阴。喜凉爽气候，不耐高温，也不耐寒，长江流域可露地越冬。喜排水良好酸性至中性土壤，忌积水。

**园林用途** 植株高大，叶片平展，叶色翠绿，花序笔挺，花形奇特，花期长。优良的大型宿根花卉，花序高大、笔直，可作竖线条花境材料，也可丛植于林缘、建筑前观赏。

**应用要点** 喜光照充足，但夏季应防叶片被高温灼伤，宜配植于林缘或林下，梅雨季高温、高湿，叶片易滋生病害。

莨力花的花序和地被

## 蓝花草 · 又称翠芦莉

**学名** *Ruellia simplex* C. Wright

**科属** 爵床科、芦莉草属

**识别特征** 多年生常绿草本。茎直立，株高 100 ~ 180 cm。单叶，交互对生，披针形，缘有不规则波状齿，叶柄和中脉被长毛。圆锥花序顶生，花萼披针形，花冠漏斗形，花瓣蓝紫色。花期 7—8 月。

**生态习性** 喜光照充足，稍耐阴。喜温暖湿润气候，不耐寒，上海、杭州地区可露地越冬。耐干旱、耐贫瘠，不择土壤，喜排水良好、肥沃土壤。

**园林用途** 植株高大，枝叶繁茂，叶色浓绿，绿叶期长，开花繁茂，花色冷艳。矮生品种可作为花坛材料，高型品种可片植于林缘或作花境材料，也可群植作花海景观。

**应用要点** 喜光照充足，但忌夏季高温暴晒，宜配置于林缘或大乔木树冠边缘。

蓝花草的叶、花序、花冠和地被

## 银叶菊

**学名** *Senecio cineraria* DC.

**科属** 菊科、千里光属

**识别特征** 多年生常绿草本，株高 50 ~ 80 cm。茎直立，多分枝，灰白色；叶一至二回羽状裂，互生，两面均被白色柔毛。头状花序集生成散房花序，舌状花一轮，管状花小，黄色。花期6—9月。

**生态习性** 喜光，稍耐阴。喜凉爽气候，不耐高温，稍耐寒，长江流域可露地越冬。耐干旱，喜排水良好砂质壤土，忌积水。

**园林用途** 株形自然松散，叶形细致小巧，叶色雪白耀眼，细黄小花点缀叶间，素雅醒目。常作观叶植物用于花坛、花境，也可作地被带状片植于林缘，还可盆栽观赏。

**应用要点** 园林绿化中常用的品种还有细裂银叶菊（*S. cineraria* 'Silver Dust'），与原种相比，叶片全裂。银叶菊宜选通风、排水良好场地种植，高温季节应防止根部积水腐烂。



银叶菊（上）、细裂银叶菊（下）的地被和叶

## 黄金菊

· **学名** *Euryops pectinatus*（L.）Cass.

· **科属** 菊科、黄蓉菊属

· **识别特征** 多年生常绿草本或亚灌木，株高 50 ~ 80 cm。茎直立，具多分枝；单叶，互生，长椭圆形至倒披针形，羽状裂，裂片披针形，全缘。头状花具长柄，单生枝端，舌状花与管状均为黄色。花期 6—11 月。

· **生态习性** 喜光。喜温暖湿润，不耐寒，上海地区可露地越冬。土壤适应性强，耐干旱，喜肥沃、排水良好砂质壤土。

· **园林用途** 植株高大，株形自然，枝叶繁密，绿期长，上海地区可常绿，花色鲜艳，花期长。常作花坛、花境材料，可片植于林缘、道旁作地被植物，还可盆栽观赏。

· **应用要点** 适应性强，管理粗放，应及时修剪促发新枝，否则下部易脱脚。

黄金菊的花带、花序和叶

## 亚菊 · 又称金球菊

· **学名** *Ajania pacifica*（Nakai）K. Bremer et Humphries

· **科属** 菊科、亚菊属

· **识别特征** 多年生常绿草本，茎直立，株高 40 ~ 50 cm。单叶互生，倒卵形，具圆形粗齿，缘有银白色镶边，下面密被白毛。头状花序较下，集生成复伞房状，黄色。花期 10—11 月。

· **生态习性** 喜光，不耐阴。耐寒，不耐热，东北地区可栽培，长江流域近常绿。耐干旱，忌高温、高湿，不择土壤。

· **园林用途** 植株繁茂，株形整齐，叶形规整，银白色叶缘有金属质感，花色黄艳，开花繁密。可布置花坛，也可作花境材料，还可作向阳地被或岩石园材料。

· **应用要点** 配置时不宜布置于林下或林缘；夏季高温高湿季节应加强病害防治，高温季节应防止土壤积水。

亚菊的植株和叶

## 非洲菊·又称扶郎花

**学名** *Gerbera jamesonii* Bolus

**科属** 菊科、大丁草属

**识别特征** 多年生常绿草本，株高 30 ~ 80 cm。叶基生，丛生状，长椭圆状披针形，具羽状浅裂或深裂，叶柄较长，全株有毛；头状花序顶生，总苞钟形，苞片3层，线形；舌状花一至多轮，管状花呈二唇状，有白、黄、粉、红等花色，管状花黄色。可四季开花，春、秋季为盛花期。

**生态习性** 喜阳光充足。不耐寒，喜冬季温暖、夏季凉爽、通风良好环境。喜肥沃、湿润、疏松透气的微酸性土壤。

**园林用途** 花头硕大，花梗细长，花色艳丽，亭亭玉立。园艺品种较多，是著名的切花种类，矮生品种可盆栽观赏，也可作一、二年生栽培，用于花坛或花境。

**应用要点** 本种不耐寒，中国华南地区可露地栽培，其他地区须温室栽培；播种时注意，种子发芽需要光照，不能完全覆盖。



非洲菊的植株和花序

## 吊竹梅

**学名** *Tradescantia zebrina* Bosse

**科属** 鸭跖草科、紫露草属

**识别特征** 多年生常绿草本。植株匍匐状，株高 10 ~ 15 cm；茎多分枝，节处生根，茎上被粗毛，茎与叶均肉质；叶互生，基部合生成鞘，卵圆形至长椭圆形，全缘，叶面银白色，中部及边缘紫色，叶背紫色。花小，紫红色。

**生态习性** 耐阴力强，喜光照充足，但忌强光暴晒。喜温暖湿润，不耐寒。喜疏松、肥沃、排水良好的土壤。

**园林用途** 枝叶繁密，植株匍匐平展，叶色紫白交错，周年可观。常作盆花栽培，尤其适合多吊盆观赏。

**应用要点** 耐阴力强，忌强光暴晒，夏季宜适当遮阴，但过阴会使其叶色变淡。

吊竹梅的盆栽和叶

## 矮蒲苇

• **学名** *Cortaderia selloana* 'Pumila'

• **科属** 禾本科、蒲苇属

• **识别特征** 多年生常绿草本，株高可达100～120cm。叶聚生基部，细长条形，长约1m，宽约2cm，边缘具细齿；雌雄异株，大型圆锥花序长达50～100cm，小穗单性，小穗节间处密生丝状毛，雌花序银白色或粉红色。花期9—10月。

• **生态习性** 喜光照充足。耐寒，长江流域可露地越冬。对土壤要求不严，在排水良好的肥沃土壤中生长良好。

• **园林用途** 为著名观赏草，株丛细密，绿期长，上海地区可半常绿，花序硕大，花色雪白。可用于观赏草专类园，也可植于道旁、林缘或水边观赏或作花境材料，花序可作干花。

• **应用要点** 常于春季分株，秋季分株则成活困难。

矮蒲苇的叶和植株

## 鹤望兰·又称天堂鸟、极乐鸟花

**学名** *Strelitzia reginae* Aiton

**科属** 旅人蕉科、鹤望兰属

**识别特征** 多年生常绿草本，株高1～2 m。茎不明显；叶对生，两侧排列，长椭圆形，长约40 cm；聚伞花序，有花3～9朵，着生于一佛焰苞内，酷似鸟头，小花有花萼3枚，橙黄色，花瓣3枚，蓝紫色。花期冬季。

鹤望兰的花序和植株

**生态习性** 喜光照充足，不耐阴。喜温暖，不耐寒，华南地区可露地越冬。耐干旱，不耐水湿，喜肥沃、排水良好的砂质壤土。

**园林用途** 植株高大，周年常绿，叶形美丽，花形奇特，花色艳丽，十分醒目。本种为著名切花，长江流域以北可盆栽观赏，华南地区可露地种植，可植于庭院、花坛或墙角观赏。

**应用要点** 喜光照充足，若光照不足，则生长不良、不开花。夏天宜适当遮阴。



## 吊兰

**学名** *Chlorophytum comosum* (Thunb.) Baker

**科属** 百合科、吊兰属

**识别特征** 多年生常绿草本，株高30～50 cm。根茎短；常具匍匐枝，于节处生根，萌生小植株；叶基生，条形，长可达20～40 cm，宽3～10 mm；总状花序顶生，着花1～6朵，花被片6枚，排成2轮。花白色。花期有夏、冬两季。

**生态习性** 喜半阴，不耐晒。喜温暖湿润气候，不耐寒，低于6℃以下受冻。喜疏松、肥沃、排水良好的土壤。

**园林用途** 株形雅致，叶色苍翠，周年常绿，常抽生细长下垂花茎，着生白色小花，花后萌生小枝株，别具特色。常盆栽观赏，有银边或银心的品种；温暖地区也可地栽。

**应用要点** 耐阴性强，忌强光暴晒；室内栽培时，应置于光线充足处，否则生长瘦弱，叶色发黄，生长季应保持空气湿润，否则叶尖易枯焦。

吊兰的花坛和植株

## 蜘蛛抱蛋·又称一叶兰

**学名** *Aspidistra elatior* Bulme

**科属** 百合科、蜘蛛抱蛋属

**识别特征** 多年生常绿草本，株高 40 ~ 60 cm。根茎横走；单叶，具长柄，直立，叶片长椭圆状或阔披针形，长 30 ~ 40 cm，宽约 10 cm，边缘波状。花冠钟形，紫色。花期春季。

**生态习性** 喜阴，不耐晒。喜温暖湿润，不耐寒，主要分布于中国长江流域以南地区。不耐干燥气候，喜疏松、排水良好的土壤。

**园林用途** 叶片硕大，叶色浓绿，耐阴性强，周年常绿，为优良的观叶植物。最宜盆栽置于室内观赏，也可与岩石或假山配植，还可植于林下作地被，叶片也常用于插花。园林中常用的还有洒金蜘蛛抱蛋（*A. elatior* 'Punctata'），叶面满布黄色斑点。

**应用要点** 适应性强，极耐阴，园林中应植于庇荫处，防止阳光灼伤。

蜘蛛抱蛋的地被（上）、叶（下左）和洒金蜘蛛抱蛋的地被（下中）、叶（下右）

## 吉祥草

**学名** *Reinecka carnea*（Andrews）Kunth

**科属** 百合科、吉祥草属

**识别特征** 多年生常绿草本。具匍匐茎，株高 20 ~ 30 cm；单叶，丛生，叶片线形至线状披针形，长 15 ~ 30 cm，宽 1 ~ 2 cm，具叶鞘。穗状花序顶生，花葶自叶丛抽生，低于叶丛；小花无柄，粉红色，有香味，花期 9—10 月。浆果，紫红色，果期 11—12 月。

**生态习性** 喜半阴，不耐晒。喜温暖湿润，不耐寒，中国长江流域可露地越冬，华北地区须盆栽观赏。土壤适应性强，不耐涝，喜肥沃砂质壤土。

**园林用途** 叶形如兰，叶色浓绿，周年常绿，花色秀雅，果色红艳，适应性强。生长繁茂，常作优良地被植物，成片配置于疏林或林缘。也可盆栽置于室内观赏，花、叶、果俱佳，绿叶、粉花、红果格外醒目。有斑叶品种，叶面有白色纵条纹。

**应用要点** 适应性强，喜阴湿环境，忌阳光直射，不能植于空旷地带。




吉祥草的地被和果实

## 阔叶山麦冬 · 又称阔叶麦冬、阔叶土麦冬

阔叶山麦冬的地被、叶（上）和金边阔叶山麦冬的地被和花（下）



**学名** *Liriope muscari*（Decaisne）L. H. Bailey

**科属** 百合科、山麦冬属

**识别特征** 多年生常绿草本。根状茎短，株高 20 ~ 30 cm。叶丛生，革质，条形至披针形，长 25 ~ 30 cm，宽 1 ~ 3 cm。总状花序顶生，花葶高于叶丛，长 30 ~ 60 cm；花多而密，4 ~ 8 朵簇生于苞片内，紫色，花期 7—8 月。浆果，紫黑色，果期 9—10 月。

**生态习性** 喜半阴，不耐晒。喜温暖湿润，稍耐寒，中国长江以南地区可露地越冬。土壤适应性强，耐干旱，喜肥沃砂质壤土。

**园林用途** 株形秀雅，叶形细长，叶色墨绿，开花繁茂，花、叶、果俱佳。耐阴，适应性强，可片植于林下、林缘或行道树的树穴作地被植物；也可丛植布置于假山、景石旁或作岩石园的植物材料。

**应用要点** 园林中常用的还有金边阔叶山麦冬（*L. muscari* 'Variegata'），叶缘为黄色。阔叶山麦冬适应性强，养护管理粗放，喜阴湿环境，宜保持土壤湿润，强光下生长较差，叶尖易焦。

## 麦冬 · 又称麦门冬

麦冬的地被、花丛和花序

**学名** *Ophiopogon japonicus*（L. f.）Ker-Gawl.

**科属** 百合科、沿阶草属

**识别特征** 多年生常绿草本。根状茎短，株高 10 ~ 15 cm。叶基生，线形，长 10 ~ 50 cm，宽 5 ~ 10 mm，边缘具细锯齿。花葶长 6 ~ 15 cm，较叶短很多，总状花序顶生，长 2 ~ 5 cm；花单生或 2 朵簇生于苞腋，花梗长 3 ~ 4 mm，花被片常下垂而不展开，披针形；花白色至淡紫色，花期 5—8 月。浆果，蓝色，果期 8—9 月。

**生态习性** 喜阴湿，忌暴晒。喜温暖，稍耐寒，中国长江流域可露地越冬。对土壤适应性强，不耐盐碱和干旱，喜肥沃砂质壤土。

**园林用途** 株形披散，细叶如线，叶色墨绿，周年常绿。园林中常植于路边、花坛边缘、台阶两侧或假山、山石旁，极具刚柔对比效果；也可作耐阴地被，配植于半阴林下或树穴中。

**应用要点** 本种适应性强，管理粗放，喜阴湿通风环境，宜选择湿润、排水良好土壤，忌强光暴晒。本种在江南地区园林中应用普遍，常被误认为同属沿阶草（*O. bodinieri* Levl.）。两者区别之处是：麦冬的花葶较叶短得多；花开时花被片不向外张开或稍张开，花柱粗而短，基部宽阔，向上渐狭，近圆锥形。沿阶草的花葶几乎与叶等长或稍短于叶；花时花被张开，花柱细长。

## 蝴蝶兰

**学名** *Phalaenopsis amabilis* Blume

**科属** 兰科、蝴蝶兰属

**识别特征** 多年生常绿草本。根肉质，茎短，无假鳞茎，株高15～30 cm；叶肉质，3～5枚，卵形至长椭圆形，基部抱茎；总状花序，小花数朵至数十朵；花瓣较大，倒卵形至阔卵形；园艺品种较多，花色丰富，有白、黄、粉、紫等花色。花期长，栽培品种花期一般秋冬季至春季。

**生态习性** 喜阴，忌强光直射。原产于热带雨林地区，喜温暖湿润，不耐寒。不耐干旱，不耐水湿，喜富含腐殖质、排水透气良好的微酸性介质。

**园林用途** 叶形优美，叶色浓绿，花序高大，开花繁茂，花色艳丽。蝴蝶兰为世界著名盆花，是中国重要的年宵花种类；也可作切花，是插花和室内花艺的高档用花。

**应用要点** 蝴蝶兰喜高温多湿环境，生长适温为25～35℃，忌闷热、通风不良。

蝴蝶兰的叶、花和盆栽

## 春兰

春兰（上）、墨兰（下）的盆栽和花



**学名** *Cymbidium goeringii*（Rchb. f.）Rchb. F.

**科属** 兰科、兰属

**识别特征** 多年生常绿草本。根肉质，具假鳞茎，株高20～30 cm；叶线形，集生于假鳞茎顶端，长约40 cm；花单生，偶尔两朵花，具花萼和花瓣各三枚，其最下一枚花瓣特化为唇瓣，较其他2瓣大，雌、雄蕊合生为蕊柱。黄绿色，花瓣上常有紫色斑点，有香味。花期2—3月。

**生态习性** 喜半阴，不耐晒。喜温暖湿润，不耐寒，长江流域可露地越冬。不耐水湿，喜富含腐殖质、排水透气良好的微酸性砂质壤土。

**园林用途** 株形优美，周年常绿，花形秀雅，花色素净，花香幽远。本种为传统名花，自古以来一直作为盆花栽培观赏，常依据花被片的形状分为梅瓣、荷瓣、水仙瓣等瓣型。除盆栽观赏外，也可植于花台树荫下观赏。

**应用要点** 春兰喜温暖湿润、通风良好环境，若通风不良，易患真菌类病害。

春兰为中国传统名花，本属著名栽培品种还包括：蕙兰（*C. faberi* Rolfe），又称夏兰，叶片比春兰宽而直立，一个花葶着花5～13朵，花期4—5月；建兰[*C. ensifolium*（L.）Sw.]，又称秋兰，叶缘光滑，花期7—9月；墨兰[*C. sinense*（Jackson ex Andr.）Willd.]，又称报岁兰，叶宽可达3 cm，花葶常高出叶面，花瓣具紫褐色条纹，花期11月至翌年1月。

## 5.1.2 落叶宿根类

### 耧斗菜

**学名** *Aquilegia vulgaris* Richardson

**科属** 毛茛科、耧斗菜属

**识别特征** 多年生草本。株高 40 ~ 60 cm；茎直立，多分枝；基生叶丛生，二回三出复叶，具长柄，小叶三角状倒卵形，具深裂。花冠具长距，距与花瓣近等长，萼片 5、花瓣 5；有红、白、粉等花色。花期 5—6 月。

**生态习性** 喜半阴。耐寒性强，喜凉爽气候，华东、华北地区可露地越冬。喜肥沃、湿润、排水良好的砂质壤土。

**园林用途** 叶形优美，花形奇特，开花繁茂，花期长。适合配置于路边、林缘作地被，或用作花坛、花境材料，也可作为岩石园植物。

**应用要点** 本属多数品种耐寒，喜凉爽气候，不耐高温、高湿，忌积水，种植时应考虑排水良好环境。夏季高温地区需要适当遮阴或配置于林缘半阴环境。

耧斗菜的地被、叶和花

## 芍药

**学名** *Paeonia lactiflora* Pall.

**科属** 芍药科、芍药属

**识别特征** 多年生草本。根粗壮，肉质；茎直立，株高40～80 cm；下部茎生叶为二回三出复叶，上部茎生叶为三出复叶，小叶狭卵形至披针形；花一至数朵顶生，萼片4，宽卵形或近圆形，花瓣9～13，白色，基部常具紫斑。蓇果。花期4—5月。

**生态习性** 喜光照充足，稍耐阴。耐寒，中国南北各地可栽培。耐干旱，不耐水湿，喜排水良好的砂质壤土。

**园林用途** 为中国传统名花，叶形秀丽，花大色艳，花容端庄。常布置花坛，最宜布置于台阶旁或亭前栏杆侧，也可布置花境或作盆栽观赏。芍药的根为传统中药材；种子可榨油，可作为优质食用油。

**应用要点** 肉质根，忌黏重土壤，不耐湿热，湿度大易滋生病害。



芍药的地被和花

## 蜀葵 · 又称熟季花、一丈红、端午锦

**学名** *Alcea rosea* L.

**科属** 锦葵科、蜀葵属

**识别特征** 多年生草本。株高可达3 m；茎直立，全株被毛；单叶互生，圆形至心形，叶面粗糙，常具褶皱，叶缘5～7浅裂；花单生叶腋或成顶生总状花序，花萼5枚，卵状披针形，花瓣5枚至多数，短圆形，边缘具波状褶皱或浅裂。有单瓣、重瓣品种，花色有红、黄、白、粉、紫等。花期6—7月。

**生态习性** 喜光照充足。耐寒，华北地区可露地越冬。喜排水良好的肥沃土壤。

**园林用途** 植株高大，茎秆粗壮挺直，花序修长，花大色艳，开花繁茂，是优良的竖直线条花卉。常用于花境，也可成丛点缀于墙角、道旁，还可片植于林缘、草坪或水边观赏。

**应用要点** 植株易衰老，一般4年左右进行更新。

蜀葵的花带和植株

## 八宝景天·又称蝎子草、长药景天

**学名** *Hylotelephium spectabile* (Bor.) H. Ohba

**科属** 景天科、八宝属

**识别特征** 多年生草本。具地下根状茎；地上茎粗壮、直立，高30～70 cm。叶卵形，对生或3叶轮生，先端稍尖，叶缘呈波浪状浅锯齿，短柄；全株被白粉；花序顶生，伞房状；萼片5；花瓣5，淡紫红色至紫红色，披针形至宽披针形；花药紫色；蓇葖果。花期8—9月，果期9—10月。

**生态习性** 喜光照充足，稍耐阴。耐寒，耐干旱贫瘠。分布范围广，产于中国东北和华北；要求通风良好；适宜排水良好砂质壤土。

八宝景天的植株、叶和花

**园林用途** 开花繁密，覆盖整个植株，是花叶俱佳的庭院花卉。可布置花境，是优良的水平线条的花境材料，也可用于花坛或岩石园。

**应用要点** 本种园艺品种较多，有粉、白、红等花色。配置时宜植于通风良好处，否则易滋生病害；栽培中勿水肥过大，否则易徒长，引起倒伏。

## 多叶羽扇豆

**学名** *Lupinus polyphyllus* Lindl.

**科属** 豆科、羽扇豆属

**识别特征** 多年生草本。株高90～150 cm；茎直立；叶基生，掌状复叶，叶柄较长，小叶9～16枚，披针形至倒披针形。总状花序顶生，花冠蝶形。园艺品种较多，花色变化丰富。花期5—8月。

**生态习性** 喜光照充足。不耐寒，喜夏季凉爽气候，不耐湿热。喜肥沃排水良好的酸性土壤。

**园林用途** 叶形秀雅，花序高大、挺拔，是优良的竖线条花卉，开花繁密，花色艳丽。常作为花境材料，也可植于路边、林缘观赏，还可以作切花。

**应用要点** 不耐湿热，梅雨季常枯死；当年播种常不开花。

多叶羽扇豆的叶和植株

## 山桃草 · 又称千鸟花

山桃草的地被、叶、花（上、下左）和紫叶山桃草的植株（下右）



**学名** *Gaura lindheimeri* Engelm. et Gray

**科属** 柳叶菜科、山桃草属

**识别特征** 多年生草本。茎直立，株高可达 60～100 cm；单叶互生，无柄，披针形或倒披针形，幼叶密被长毛；穗状花序顶生，花瓣 4 枚，倒卵形，具爪，花丝与花瓣等长或略长；花瓣白色或粉红色。花期 5—8 月。

**生态习性** 喜光照充足，稍耐阴。耐寒，华北地区可露地越冬。不耐涝，喜排水良好的肥沃土壤。

**园林用途** 枝叶细密，花枝纤细，花形小巧，花色素雅。为竖直线条花材，常作花境材料，矮生品种也可用于布置花坛或盆栽观赏，也可片植于草坪、林缘作地被。

**应用要点** 高大品种，花枝细弱，雨后易倒伏。有紫叶和矮生的品种。

## 天竺葵

**学名** *Pelargonium hortorum* Bailey

**科属** 牻牛儿苗科、天竺葵属

**识别特征** 多年生亚灌木。株高 30 ~ 60 cm；茎肉质，略匍匐状；叶互生，圆形至肾形，叶面常有蹄纹；伞形花序顶生，总梗较长，距与花瓣近等长，花瓣、花萼片均 5 枚，花瓣近等长，下 3 瓣较大。园艺品种较多，有单瓣、重瓣品种，花色有红、白、粉等。除盛夏休眠季节，可周年开花。

**生态习性** 喜光照充足，不耐阴。忌高温酷热，喜凉爽气候，但不耐寒。不耐水湿，稍耐干旱，喜排水良好的肥沃壤土。

**园林用途** 周年常绿，叶形优美，开花繁茂，花色艳丽，可周年开花不断，是花叶兼赏的优良种类。常用作盆栽观赏，也可于春夏间植于花坛观赏。

**应用要点** 本属约 250 种，多产于南非，夏畏酷暑，冬畏严寒，夏季须遮阴，冬季须保暖。

天竺葵的叶、花和地被

## 柳叶马鞭草

**学名** *Verbena bonariensis* L.

**科属** 马鞭草科、马鞭草属

**识别特征** 多年生草本。株高60～180 cm；茎粗壮、直立，小枝对生，密被毛；叶条状披针形，具粗锯齿，对生；大形聚伞花序顶生，花冠筒状，5裂，被毛，花冠筒紫红色，花冠裂片蓝紫色。花期5—9月。

**生态习性** 喜阳光充足。不耐寒，遇霜冻地上部分即枯萎，上海地区可露地越冬。喜肥沃、湿润、排水良好微酸性至中性土壤。

**园林用途** 植株高大、茎直立性强，开花繁密，花色艳丽，花期长。适合作花境材料，也可成片种植，营造蓝色花海景观。

**应用要点** 本种不耐寒，华北、西北寒冷地区不能越冬；植株常散发浓烈气味，大面积栽培须考虑通风良好条件。

柳叶马鞭草的地被、叶和花序

## 美女樱

• **学名** *Verbena hybrida* Groenl. & Rumpler

• **科属** 马鞭草科、马鞭草属

• **识别特征** 多年生草本。株高30～40 cm，茎具四棱，常呈匍匐状，全株有毛；单叶对生，长圆形，叶缘具钝锯齿；聚伞花序顶生或腋生，花萼细长筒形，先端5裂，花冠筒状，先端5裂，有蓝、白、粉、红等花色。花期6—9月。

• **生态习性** 喜光照充足。稍耐寒，长江流域可露地越冬。对土壤要求不严，在湿润、肥沃、排水良好土壤中生长良好。

• **园林用途** 枝叶细密，株丛紧凑，开花繁茂，花色艳丽，花期较长。常用于布置花坛，也可用于花境，矮生品种也可作盆栽。

• **应用要点** 常用种类还有细叶美女樱［*Glandularia tenera* (Spreng.) Cabrera］，株高20～40 cm，叶二回深裂或全裂，裂片呈狭长线形。

美女樱的地被、花序、叶（上、中）和细叶美女樱的花序、地被（下）

## 天蓝鼠尾草

天蓝鼠尾草（上）、蓝花鼠尾草（中左）、深蓝鼠尾草（中右）、墨西哥鼠尾草（下左）、红花鼠尾草（下中）和樱桃鼠尾草（下右）的花序



**学名** *Salvia uliginosa* Benth.

**科属** 唇形科、鼠尾草属

**识别特征** 多年生草本。株高可达50~150 cm；茎直立，具棱；单叶交互对生，长卵形至狭披针形，叶缘具粗圆锯齿；穗状花序顶生，唇形花冠，下唇远较上唇大，常4裂。花色天蓝。花期5—9月。

**生态习性** 喜光照充足，稍耐阴。不耐寒，长江流域可露地越冬。耐干旱，不耐涝，喜排水良好的肥沃土壤。

**园林用途** 植株高大，株形自然，花色冷艳，花期较长。常用于花境，也可成丛点缀于道旁、林缘、草坪或水边观赏。

**应用要点** 本属观赏植物较多，栽培容易，管理粗放。常用的种类包括：红花鼠尾草（*S. coccinea* L.），又称朱唇，叶三角状卵形，花冠鲜红色，下唇长为上唇的2倍；深蓝鼠尾草（*S. guaranitica* A. St.-Hil. ex Benth），叶卵圆形近棱形，花色深蓝紫，上下唇大小相近；蓝花鼠尾草（*S. farinacea* Benth.），又称粉萼鼠尾草、一串蓝，叶有时轮生，基部叶卵形，上部叶披针形，花冠蓝紫至灰白；墨西哥鼠尾草（*S. leucantha* Cav.），全株被柔毛，叶披针形，花蓝紫色；樱桃鼠尾草（*S. greggii* A. Gray），叶披针形至卵形，缘有锯齿，花冠唇形，下唇半圆形，中间开裂，有桃红、粉红等色。

## 毛地黄吊钟柳

**学名** *Penstemon digitalis* Nutt. ex Sims

**科属** 玄参科、吊钟柳属

**识别特征** 多年生草本。株高可达 60 ~ 100 cm；茎直立；单叶交互对生，长卵形至倒披针形，抱茎，基部全缘，先端具细齿；圆锥花序顶生，花冠钟形，被毛，稍二唇状，上唇 2 裂，下唇 3 裂；花冠筒下部淡紫色，上部白色，下唇内部具紫色纵条纹。花期 6—7 月。

**生态习性** 喜光照充足。耐寒，长江流域可露地越冬。耐干旱，不耐涝，喜排水良好的肥沃土壤。

**园林用途** 长势旺盛，基生叶密集成丛，花枝细长、直挺，株形自然，花色淡雅。为优良竖直线条花材，常用于花境，也可片植于草坪、林缘或道旁观赏。

**应用要点** 有紫叶的品种，土壤适应性强，忌积水。

毛地黄吊钟柳的植株、花序和叶

## 大吴风草

**学名** *Farfugium japonicum* (L. f.) Kitam.

**科属** 菊科、大吴风草属

**识别特征** 多年生草本。根茎短粗，株高20～40 cm；叶基生，具长柄，基部抱茎，呈短鞘状，叶片肾形，全缘或又浅齿，幼时被毛；头状花序顶生排成伞房状，花序梗被毛，色状花、管状花均为黄色。花期8月。

**生态习性** 较耐阴，不耐晒。喜温暖湿润，较耐热，不耐寒，上海地区可露地越冬。对土壤适应性强，喜肥沃、排水良好土壤。

**园林用途** 土壤适应性强，长势旺盛，叶形美观，周年常绿，开花繁茂，黄绿相间。常作林下地被，也可用于花境，还可与岩石、假山配置。

**应用要点** 园林中常用的园艺品种还有黄斑大吴风草（*F. japonica* 'Aureomaculatum'）。大吴风草性强健，栽培管理粗放。

黄斑大吴风草的叶（上）和大吴风草的花序、叶、地被（中、下）

## 大滨菊 · 又称西洋滨菊

**学名** *Leucanthemum maximum* (Ramood) DC.

**科属** 菊科、滨菊属

**识别特征** 多年生草本。茎直立，株高 40 ~ 70 cm，多分枝；单叶互生，倒披针形，叶缘具粗锯齿；头状花序单生枝顶，总苞碟状，总苞片 3 ~ 4 层，舌状花白色，2 ~ 3 层，管状花黄色，顶端 5 齿裂。花期 5—7 月。

**生态习性** 喜光照充足，稍耐阴。耐寒，中国各地栽培。耐干旱，喜排水良好的砂质壤土。

**园林用途** 枝叶细密，开花繁茂，黄白相间，花色简洁、素雅。常作花境材料，也可布置花坛，还可片植于草坪、林缘或道路两侧观赏。

**应用要点** 高大品种，花枝细弱，雨后易倒伏。

大滨菊的地被、花序和叶



## 宿根天人菊 · 又称车轮菊

**学名** *Gaillardia aristata* Pursh.

**科属** 菊科、天人菊属

**识别特征** 多年生草本。茎直立，株高 60 ~ 100 cm，全株被毛；单叶互生，基生叶和下部茎叶长椭圆形或匙形，常具羽状缺裂，有长柄；中上部茎叶披针形至倒披针形，基部抱茎；头状花序单生枝顶，总苞碟状，总苞片披针形，舌状花黄色，基部紫红色；管状花紫红色。花期 5—8 月。

**生态习性** 喜光照充足。耐寒，中国各地栽培。耐干旱，喜排水良好的砂质壤土。

**园林用途** 茎粗壮，株丛紧凑，开花繁密，黄红交错，花期较长。常布置花坛，最宜于草坪边缘、矮墙或篱笆前作带状片植，也可作花境材料。

**应用要点** 肥水过多，易发生徒长和花期推迟，栽培中宜控制水、肥，防止枝叶徒长和倒伏。花后及时修剪残花，防止结实，可促发新芽。

宿根天人菊的地被、花序和叶

## 大花金鸡菊 · 又称大花波斯菊

**学名** *Coreopsis grandiflora* Hogg.

**科属** 菊科、金鸡菊属

**识别特征** 多年生草本。茎直立，株高30～100cm。叶对生，基部叶披针形或匙形，下部叶羽状全裂，中部及上部叶3～5深裂，两面及边缘有细毛。头状花序单生枝端，具长花序梗，舌状花倒卵形，管状花钟形，黄色。花期5—9月。瘦果宽椭圆形近圆形。

**生态习性** 喜光，稍耐阴。耐寒，耐热，适应性极强。耐干旱，不耐水涝，喜肥沃、湿润排水良好的砂质壤土。

**园林用途** 花大色艳，花开时一片金黄，花期长达4个多月。可以用作花坛、花境，也可以作盆栽观赏，还可以用作地被植物，适合大面积片植。

**应用要点** 适应性非常强，对土壤几乎没有特殊要求，可按常规管理。花后摘去残花，追一次肥，10月初便花繁叶茂。

大花金鸡菊的地被、花序和叶

## 千叶蓍

**学名** *Achillea millefolium* L.

**科属** 菊科、蓍草属

**识别特征** 多年生草本。茎直立，株高30～40cm，稍具四棱，密生柔毛；叶互生，距圆状，2～3回距羽状深裂至全裂；头状花序，聚生成伞房状，白色。花期6—10月。

**生态习性** 喜光照充足，也耐半阴。耐寒。对土壤要求不严，耐干旱、耐瘠薄，但在湿润、肥沃、排水良好土壤中生长良好。

**园林用途** 枝叶细密，株形优美，花色丰富。为布置岩石园的优良材料，也可片植作为林下地被，还可用作花境材料，高大品种还可用作切花。

**应用要点** 夏季湿度过高容易倒伏，花后宜及时修剪，可延长花期。

千叶蓍的地被和花序

## 火炬花

**学名** *Kniphofia uvaria*（L.）Oken

**科属** 百合科、火炬花属

**识别特征** 多年生草本。株高50～120 cm；地上茎短；叶线形，基生成丛，叶背有脊，缘有细锯齿，被白粉；圆锥形总状花序，形似火炬，密生下垂的圆桶状小花，花梗极短，自下而上开放，花蕾深红色，开放后变为黄色。花期4—5月。

**生态习性** 喜阳光充足。耐寒，华北地区可露地栽培。土壤适应性强，喜肥沃、湿润、排水良好的轻黏质壤土。

**园林用途** 花序形似火炬，花茎竖直挺拔，花色鲜艳、醒目。可作花境中竖直线条花材，也可丛植于草坪或花坛、路旁观赏；矮生品种可作岩石园材料，高大品种可作切花栽培。

**应用要点** 本属约75种，原产于非洲。本种生长旺盛，生长期宜保持水肥充足；花后应及时去除残花，防止结实消耗养分。

火炬花的花序和植株

## 萱草 · 又称忘忧、鹿葱

**学名** *Hemerocallis fulva*（L.）L.

**科属** 百合科、萱草属

**识别特征** 多年生草本，多数品种为宿根，部分品种在长江流域以南可半常绿或常绿。大型品种株高可达80～100 cm。叶基生，常排成两列，带状，平行脉；圆锥花序顶生，高于叶丛，花冠漏斗状，单瓣型花被2轮、6枚；花色丰富，花期5—8月。蒴果长圆形。

萱草的植株和花

**生态习性** 喜光亦耐半阴。耐寒性强，华北、东北可露地越冬。耐干旱，也耐低湿。喜微酸性至中性肥沃砂质壤土，不耐盐碱。

**园林用途** 叶如兰花，花似百合，株形秀雅。园艺品种众多，花形丰富，花色艳丽，有黄、白、红、橙、紫等花色。可作盆栽观赏，也可作花境材料，还可成片种植配置成花海。

**应用要点** 萱草为中国传统的母亲花，寓意孝慈、忘忧；品种众多，株高、株形、花色、花期、花朵大小差异较大，须根据配置的特点和要求选择适合的品种；萱草单花寿命较短，花后宜摘除残花；南方夏季高温高湿地区易患锈病。

## 玉簪 · 又称玉鹤棒、白鹤花

**学名** *Hosta plantaginea*（Lam.）Aschers.

**科属** 百合科、玉簪属

**识别特征** 多年生宿根草本。不同品种间植株差异较大，株高10～60 cm；叶基生成丛，具长柄，叶柄上有沟槽，卵形至心形；总状花序顶生，高于叶丛；花冠漏斗状，基部管状，端部钟状，6裂，白色；雄蕊6枚，下部贴生于花被管上；蒴果圆柱状。

**生态习性** 喜阴，忌强光暴晒。耐寒，华北地区可露地越冬。喜肥沃、湿润、排水良好微酸性至中性土壤，不耐盐碱。

**园林用途** 园艺品种众多，叶色变化丰富，有金边、银边、蓝边、金心、银心等品种；花形如簪，洁白素雅，具芳香。低矮品种可作盆栽观赏，也可作花境材料，还可成片种植作林下地被，还可作切叶。

**应用要点** 园艺品种众多，同属著名的还有紫萼［*H. ventricosa*（Salisb.）Stearn］，其与玉簪显著区别之处在于植株较玉簪小，花淡紫色，雄蕊完全离生，无香味。

玉簪配置中应强光直射，可配植于林下或建筑物北面。

玉簪的地被、花序（上）和紫萼的植株、花（下）

## 鸢尾

• **学名** *Iris tectorum* Maxim.

• **科属** 鸢尾科、鸢尾属

• **识别特征** 多年生草本。匍匐根状茎短粗、具节，二歧分枝，株高 30 ~ 40 cm。叶基生，宽剑形，基部鞘状，纵脉不明显。花葶自叶丛抽出，着花 1 ~ 2 朵；花被 6 枚，外轮 3 枚，称垂瓣，倒卵形，平展，蓝紫色，中脉上有一条白色带紫纹凸起的附属物；内轮 3 枚，称旗瓣，椭圆形，直立，蓝色。花期 4—5 月。蒴果椭圆形或倒卵形。

• **生态习性** 喜光照充足，耐半阴。稍耐寒，长三角地区可露地越冬。稍耐干旱。对土壤要求不严，能在砂质壤土、黏质壤土中生长，喜肥沃、湿润、排水良好土壤。

• **园林用途** 植株整齐，叶形规整，开花整齐，花大色艳。可作花坛、花境材料，最宜成片布置于林缘、路边、溪头，还可作林下地被、盆栽或切花栽培。

• **应用要点** 本属园艺品种众多，园林应用中要根据花期、习性、花色和园林用途等选择相应的品种。本属著名的种类包括：蝴蝶花（*I. japonica* Thunb.），花被管明显，淡蓝或淡紫色；玉蝉花（*I. ensata* Thunb.），叶条形，中脉不明显，苞片近革质，花白、蓝、紫；黄菖蒲（*I. pseudacorus* L.），花黄色，叶中脉较明显，习水湿，也能耐干燥；德国鸢尾（*I. germanica* L.），花茎上部分枝，下部有茎生叶 1 ~ 3 枚，苞片绿色，花白、蓝、紫色，喜光耐干旱，不耐水湿。

蝴蝶花（上）、黄菖蒲花（中）、玉蝉花（下）的地被与花冠

# 5.2 球根植物

## 球根海棠 · 又称球根秋海棠

**学名** *Begonia* × *tuberhybrida* Voss

**科属** 秋海棠科、秋海棠属

**识别特征** 多年生草本。具地下块茎，不规则扁球形，地上茎直立或铺散，株高 30 ~ 100 cm；叶互生，多为偏心形或卵形。花序腋生，雌雄同株异花，雄花大，有单瓣至重瓣，雌花小，花瓣 5 枚；花色丰富，有白、黄、橙、红等。花期夏秋季。

**生态习性** 喜半阴环境，忌强光暴晒。喜温暖湿润环境，不耐寒，越冬须保持 10℃以上，夏季忌酷热，生长适温为 18 ~ 22℃。不耐干旱，喜疏松、肥沃、排水良好的微酸性土壤。

**园林用途** 株形紧凑，叶形美观，开花繁茂，花大色艳，花期长。常作盆花栽培，可布置于明亮的厅堂或窗台观赏，也可配植于花园中。

**应用要点** 既不耐寒，也不耐热，夏秋开花，冬季休眠。栽培时应及时采取越冬、越夏的措施，生长季节应保持足够的空气湿度。

同属种类和品种众多，常用的种类包括：玻利维亚秋海棠（*B. boliviensis* A. DC.），茎分枝下垂，叶长，卵状披针形，花橙红色，花期夏季；丽格海棠（*B.* × *hiemalis* Fotsch），又称冬花海棠、玫瑰海棠，夏秋季盛花。

球根海棠的花丛和花

## 仙客来 · 又称兔子花、兔耳花、萝卜海棠

**学名** *Cyclamen persicum* Mill.

**科属** 报春花科、仙客来属

**识别特征** 多年生草本。地下部分具扁球形块茎，株高20～30 cm；叶丛生茎端，叶心状卵圆形，边缘具圆齿，表面深绿色具白色斑纹。花单生，肉质，萼片5裂，花瓣5枚，基部合生成筒，花瓣向上反卷，形如兔耳，有白、粉、红、紫红等色。花期12月至翌年5月。

**生态习性** 喜光照充足。喜冷凉湿润气候，不耐高温，夏季高温时休眠。要求疏松、肥沃、排水良好、富含腐殖质的酸性砂质壤土。

**园林用途** 植株繁茂，叶形美观，叶面具斑纹，花大色艳，花形别致，花期长。品种繁多，为中国冬春季节著名盆栽花卉，花期适逢元旦、春节，常作为年宵花。也可用作切花。

**应用要点** 因三年生以上球根开花变小，且越夏困难，块茎易腐烂，仙客来在园林生产上常用作一、二年生栽培。

仙客来的盆花和叶

## 红花酢浆草 · 又称铜锤草、红花酢浆草

**学名** *Oxalis corymbosa* DC.

**科属** 酢浆草科、酢浆草属

**识别特征** 多年生草本。地下部分有球状鳞茎，无地上茎，株高20～30 cm；叶基生，掌状复叶，具长柄，3小叶，倒心形，先端具缺刻，下表面散生黄色腺体；聚伞花序呈复伞状着花，着花5～14朵，萼片5，披针形，花瓣5，倒心形，淡紫或紫红色。花期4—11月。

**生态习性** 耐阴性强，忌高温暴晒；耐寒，全国普遍栽培；耐干旱，喜温暖湿润，忌积水，喜肥沃、排水良好的砂质壤土。

**园林用途** 花叶细密，株丛紧凑，绿叶繁花，花期颇长。可布置于花坛、花境或点缀岩石园，也可植于路侧、林缘或疏林草地作地被。

**应用要点** 夏季有短时休眠，雨季应及时排水。同属观赏种类较多，常用的有紫叶酢浆草（*O. triangularis* 'Urpurea'），株高15～30 cm，叶倒三角形，紫红色，白天张开，夜晚合拢下垂，伞形花序，淡红色。紫叶酢浆草不耐寒也不耐热，冬季低温时叶片枯萎，夏季高温时也会落叶。

紫叶酢浆草的植株、叶（上）和红花酢浆草的地被、叶、花（下）

## 大丽花 · 又称大理花、大丽菊、苕菊、大理菊、天竺牡丹、苕花

**学名** *Dahlia pinnata* Cav.

**科属** 菊科、大丽花属

**识别特征** 多年生草本。茎直立，具多分枝，肉质根肥大，株高 50 ~ 150 cm；叶对生，1 ~ 3 回羽状全裂，上部叶有时不分裂。头状花序顶生，中间管状花，外侧舌状花，花色有白、黄、橙、红等。花期 6—10 月。

大丽花的叶和花

**生态习性** 喜光，但忌强光暴晒。喜凉爽湿润环境，既不耐高温，又不耐寒，原产于热带高原。不耐干旱，不耐水湿，喜排水良好、疏松透气砂质壤土。

**园林用途** 植株高大，花大色艳，花形规整、美观，花期长。园林中可用于布置花坛，也可用于布置花境，还可盆栽或作切花。

**应用要点** 园林中应用时应注意控制株高，宜根据需求选择株高适合品种，高大品种应注意设置支撑，防止花头过大倒伏。

## 马蹄莲 · 又称水芋、观音莲

**学名** *Zantedeschia aethiopica* (L.) Spreng.

**科属** 天南星科、马蹄莲属

**识别特征** 多年生草本。具地下块茎，无地上茎，株高 60 ~ 70 cm；叶基生，叶柄长，下部具鞘，叶片箭形或箭状心形，全缘。多为偏心形或卵形。肉穗花序顶生，佛焰苞大型，张开呈马蹄形，白色，花序轴肉质肥大，成圆柱形，小花黄色。花期从 12 月至翌年 6 月。

**生态习性** 喜光，也稍耐阴。喜温暖气候，不耐寒，冬季须保持 10℃以上，方可正常开花，生长适温 15 ~ 25℃。不耐干旱，喜潮湿土壤，较耐水湿。

**园林用途** 叶形美观，花形奇特，花色素雅，花叶俱美。常作切花栽培，花大而醒目，也可盆栽观赏，还可以布置于水边低湿地块。

**应用要点** 不耐寒，越冬温度应在 5℃以上，若室温过低会推迟开花。

马蹄莲的盆栽和花序

## 百合 · 又称百合蒜、强瞿

**学名** *Lilium spp.*

**科属** 百合科、百合属

**识别特征** 多年生草本。多数种类地上茎直立，地下具鳞茎，由肉质无膜鳞片组成，株高 50 ~ 100 cm；叶多互生，少数轮生，披针形至椭圆形或条形。花单生或排成总状花序，花被片 6 枚，2 轮，由 3 萼片和 3 花瓣组成，颜色相同。花期初夏至秋。

**生态习性** 大多数种类喜光照充足而有适当遮阴的环境。喜冷凉、湿润气候，耐寒。喜排水良好、疏松透气、富含腐殖质的酸性至中性砂质壤土。

**园林用途** 花容雅致，花形美观，花色艳丽，叶色青翠。百合是重要的切花，品种众多；园林中可用于布置专类园，也可用于花境或与灌木配置，还可作盆栽观赏；百合鳞茎营养丰富，可食用。

**应用要点** 百合为著名花卉，品种繁多，许多种类已高度杂合，园林中应用的多为杂交品种，应根据园林用途选择合适的品种，注意区分地栽、盆栽和切花的品种。

杂种百合的花丛和花序



## 郁金香 · 又称洋荷花、草麝香

**学名** *Tulipa gesneriana* L.

**科属** 百合科、郁金香属

**识别特征** 多年生草本。具扁球形鳞茎，株高 30 ~ 50 cm；叶基生，3 ~ 5 片，条状披针形或卵状披针形。花单生茎端，花冠钟形，花被片 6 枚，基部具蓝紫色或暗紫色斑点，雄蕊 6 枚。花色丰富。花期 3—4 月。

郁金香的花海和植株

**生态习性** 喜光，稍耐阴。喜冬季温暖湿润、夏季凉爽干燥气候，耐寒性强，冬季可耐 −35 ℃低温。喜排水良好、富含腐殖质的肥沃砂质壤土。

**园林用途** 花形美观，花色艳丽，开花整齐。为春季布置花坛的重要花卉，最宜于草坪上成片种植，也可盆栽观赏，还可作切花。

**应用要点** 品种繁多，宜根据需求选择花色、花期、花形和株高适合的品种，开花后复壮困难，园林中常作一、二年生栽培。

## 大花美人蕉·又称昙华

**学名** *Canna* × *generalis* L. H. Bailey & E. Z. Bailey

**科属** 美人蕉科、美人蕉属

**识别特征** 多年生草本。茎直立，根茎横卧肥大，株高80 ~ 150 cm；叶互生，宽大，长椭圆状披针形，叶缘、叶鞘紫色。总状花序顶生，花葶自茎顶抽生，每一苞片有花1 ~ 2朵，花萼披针形，花冠管状，花冠裂片披针形。花色有白、黄、橙、红等。花期6—9月。

**生态习性** 喜光照充足。喜炎热高温气候，不耐寒，长江以南地区可露地越冬。不择土壤，喜肥沃、有机质丰富土壤。

**园林用途** 植株高大，枝叶繁茂，叶片巨大，花大色艳，花期长。可植于花坛中心或作花境的背景材料，也可丛植于草坪、墙角、道路两侧观赏，还可盆栽观赏。

**应用要点** 耐寒性差，一经霜冻地上部分即枯萎，长江以北地区种植应于霜前将地下球根掘起室内储存。同属品种还有美人蕉（*C. indica*），叶长椭圆状，花较小，鲜红色。

大花美人蕉（上）、美人蕉（下）的地被和花序

## 雄黄兰·又称火星花、兔耳花、萝卜海棠

雄黄兰的地被和花序

**学名** *Crocosmia* × *crocosmiiflora* (Lemoine) N. E. Br.

**科属** 鸢尾科、雄黄兰属

**识别特征** 多年生草本。地下部分具扁圆球形茎，株高50～100 cm；基生叶剑形，两列互生，基部鞘状，中脉明显，茎生叶披针形。单歧聚伞花序，多分枝，花两侧对称，被片6枚，排列成2轮，黄色或橙红色，雄蕊3，花柱顶端3裂。花期7—8月。

**生态习性** 喜光照充足，不耐阴。喜冷凉气候，较耐寒，不耐湿热。耐干旱、瘠薄，也喜肥沃、排水良好的砂质壤土。

**园林用途** 植株挺拔，如利剑般笔挺，叶色青翠，花色艳丽，花形别致。宜丛植观赏，最宜布置花境或作林缘、草坪边缘地被，花茎细长，也可作切花。

**应用要点** 雄黄兰不耐积水和湿热，长江流域梅雨前后应加强病害防治，可布置于林缘或通风良好处。

## 小苍兰·又称香雪兰、菖蒲兰、小菖兰、香水兰

**学名** *Freesia refracta* Klatt

**科属** 鸢尾科、香雪兰属

**识别特征** 多年生草本。地下部分具卵球形鳞茎，株高15～40 cm；叶基生，6～10枚，

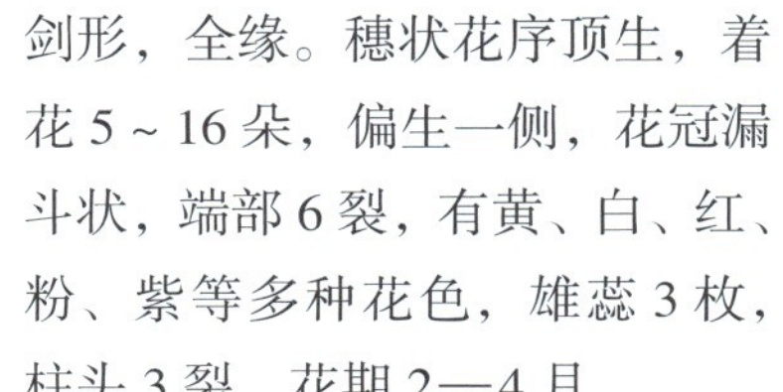

剑形，全缘。穗状花序顶生，着花5～16朵，偏生一侧，花冠漏斗状，端部6裂，有黄、白、红、粉、紫等多种花色，雄蕊3枚，柱头3裂。花期2—4月。

**生态习性** 喜光照充足。喜夏季凉爽、冬季温暖气候，不耐寒，一般越冬需5～8 ℃。根系多分枝，喜疏松肥沃、富含有机质的砂质壤土。

**园林用途** 花色艳丽，芳香浓郁，花期正值冬季少花季节。常作为冬春季鲜切花栽培，也可作优良盆花室内观赏栽培。

**应用要点** 小苍兰栽培介质宜选疏松、透气、排水良好的土壤，盆栽时应注意通风，防止病害滋生，作切花栽培时应拉网支撑，防止倒伏。

小苍兰的地被和花序

## 大花葱

· **学名** *Allium giganteum* Regel

· **科属** 石蒜科、葱属

· **识别特征** 多年生草本。地下具鳞茎，球形，株高 30 ~ 60 cm；叶宽线形至披针形，宽约 5 cm。伞形花序顶生，圆球状，花小而多，花被片 6 枚，排成 2 轮，桃红色。花期 6—7 月。

· **生态习性** 喜光照充足。喜凉爽气候，不耐湿热，耐寒性强。耐干旱贫瘠，也喜肥沃土壤，能适应黏质壤土。

大花葱的植株和花序

· **园林用途** 花序圆整、硕大，花形奇特，适应性强。可布置花坛或花境，高大品种可作切花，低矮品种可用于岩石园，还可盆栽观赏。

· **应用要点** 本种鳞茎分生能力弱，几乎不分生子球。其他种类观赏葱具有一定的自播能力，应用中须注意。



## 朱顶红 · 又称华胄兰、百枝莲

· **学名** *Hippeastrum rutilum* (Ker-Gawl.) Herb.

· **科属** 石蒜科、朱顶红属

· **识别特征** 多年生草本。地下具鳞茎，球形，地上茎短，株高 30 ~ 40 cm；叶两列状，扁平带形或线形，稍肉质，花后伸长。伞形花序，花葶自叶丛外侧抽生，着花 2 ~ 4 朵，花被筒绿色，圆筒状，喉部具小鳞片；花被裂片长圆形，洋红色。花期 5—6 月。

· **生态习性** 喜光，也稍耐阴。喜温暖、湿润气候，稍耐寒，长江流域可露地越冬，生长适温 18 ~ 25℃。不耐干旱，喜排水良好、富含腐殖质砂质壤土。

· **园林用途** 花枝挺拔，花朵硕大，花色艳丽。常作为盆花栽培观赏，南方温暖地区也可用于布置花境、花坛，还可用作切花。

· **应用要点** 朱顶红盆栽、地栽皆可，栽培中须光照充足，但不可强光暴晒。同属栽培种类和品种较多，有花朱顶红（*H. vittatum*），着花 4 ~ 6 朵，两两对生，花被裂片红色，中间及边缘有白色条纹。

朱顶红的花序和植株

## 水仙 · 又称中国水仙、金盏银台、雅蒜

**学名** *Narcissus tazetta* var. *Chinensis* M. Roener

**科属** 石蒜科、水仙属

**识别特征** 多年生草本。地下部分具肥大卵形或球形鳞茎，株高 30 ~ 60 cm；叶基生，扁平线形，互生排成两列状。伞形花序顶生，花被片 6 枚，白色，基部联合成筒状，花被中央具高脚碟状副冠，花冠钟形，黄色。花期 1—2 月。

**生态习性** 喜光照充足。喜温暖湿润气候，不耐寒。对土壤要求不严，除黏重土和砂砾土外均可生长，尤喜土层深厚肥沃、排水良好的黏质壤土。

**园林用途** 植株清秀雅致，花形奇特，花色淡雅，花期早，具芳香。常盆栽作年宵花，置于案头观赏，也可布置花坛或花境，还可于草坪或疏林下片植观赏。

**应用要点** 盆栽水仙常雕刻成各种造型，并促其矮化。鳞茎有毒，应防止误食。同属重要的观赏种类还有喇叭水仙（*N. pseudonarcissus* L.），又称洋水仙或黄水仙，花单生，黄色，副冠钟形至喇叭形，与花瓣等长或稍长，边缘具褶皱。

喇叭水仙的开花植株、花冠（上）和水仙作花坛、盆栽（下）

## 风信子 · 又称五色水仙

**学名** *Hyacinthus orientalis* L.

**科属** 百合科、风信子属

**识别特征** 多年生草本。地下部分具球形或扁球形鳞茎，有膜质外皮，皮膜颜色与花色相关，株高 15 ~ 45 cm；叶基生，4 ~ 9 枚，带状披针形，肥厚肉质。总状花序顶生，小花钟状，基部膨大，花瓣端部向外反卷，原种浅紫色，品种按花色可分为蓝色、粉红色、白色、鹅黄色、紫色、黄色、绯红色、红色八个品系。花期 4—5 月。

**生态习性** 喜光照充足。喜凉爽湿润气候，较耐寒，长江流域可露地越冬，忌高温。不耐干旱，喜土层深厚肥沃、排水良好的砂质壤土。

**园林用途** 植株低矮，开花繁密，花姿美观，花色艳丽，花期早。常作为春季布置花坛的重要球根植物，最宜布置于草坪边缘形成彩色花带，也可盆栽置于案头观赏。

**应用要点** 风信子花后高温时休眠，须起球储藏；种球有毒，不可误食。

风信子的地被和植株

## 葡萄风信子 · 又称蓝壶花、葡萄百合

**学名** *Muscari botryoides*（L.）Mill.

**科属** 百合科、蓝壶花属

**识别特征** 多年生草本。地下部分具卵形或球形鳞茎，株高 10 ~ 15 cm；叶基生，半圆柱状线形，稍肉质。花葶自叶丛抽生，总状花序顶生，小花多数，密生而下垂，花冠壶状或坛状，蓝色。花期 3—5 月。

**生态习性** 喜光照充足，耐半阴。喜冬季温暖、夏季凉爽气候，较耐寒，华北地区可露地越冬，忌高温。不耐干旱，喜土层深厚肥沃、排水良好的砂质壤土。

**园林用途** 植株低矮，开花繁密、整齐，蓝紫色花极为醒目，花期长。最宜布置于草坪边缘或疏林草地，形成彩色花带或花海，也可盆栽观赏。

**应用要点** 葡萄风信子属秋植球根，夏季高温时休眠，应起球储藏；适应性强，管理方便，宜选光照充足、排水通畅处种植。

葡萄风信子的花序和盆花

## 石蒜·又称老鸦蒜、彼岸花、蟑螂花

**学名** *Lycoris radiata*（L'Her.）Herb.

**科属** 石蒜科、石蒜属

**识别特征** 多年生草本。地下部分具球形鳞茎，株高30~60 cm；叶基生，扁平线形。伞形花序顶生，着花5~12朵，花被片6枚，边缘皱缩、反卷，基部合生成管状，鲜红色，雌、雄蕊伸出花冠，与花冠同色。花期8—9月。

**生态习性** 喜半阴，也耐晒。喜温暖湿润气候，稍耐寒，长江流域可露地越冬。对土壤要求不严，喜土层深厚肥沃、排水良好的土壤或砂质壤土。

**园林用途** 株丛繁茂，冬季叶色翠绿，夏秋红花满地，花形奇特，颇具野趣。常用作林下耐阴地被，最宜配置于林间草地或水边缓坡。

**应用要点** 石蒜属植物种类较多，其他常用种类包括：忽地笑［*L. aurea*（L'Her.）Herb.］，又称黄花石蒜，花黄色；换锦花（*L. sprengeri* Comes ex Baker），花被裂片淡紫红色，端带蓝色；长筒石蒜（*L. longituba* Y. Xu et G. J. Fan），花白色，为秋季花后出叶。石蒜、忽地笑为秋季花后出叶，翌年夏季高温前叶枯休眠，8—9月开花，换锦花、长筒石蒜等为早春出叶，初夏叶枯休眠，夏末秋初开花，花后鳞茎露地越冬，为夏、冬两次休眠。

石蒜的地被、花序（上、下左）和忽地笑（下中）、换锦花（下右）的花序

## 葱莲 · 又称葱兰、玉帘

葱莲（上）和韭莲（下）的花株、叶

**学名** *Zephyranthes candida* (Lindl.) Herb.

**科属** 石蒜科、葱莲属

**识别特征** 多年生球根植物。鳞茎卵形，径 2 ~ 3 cm，株高 15 ~ 25 cm。叶基生，线形，肉质、肥厚，长 20 ~ 30 cm，宽 2 ~ 4 mm。花单生，筒部不明显，被片 6 枚，白色，花期 8—11 月。

**生态习性** 喜光照充足。喜温暖，中国长江流域可露地越冬，华北地区须掘球储藏越冬。喜排水良好肥沃土壤。

**园林用途** 植株低矮，株形整齐，开花繁茂，花形规整，花期长。常植于缓坡草地或林间空地，营造缀花草坪效果，也可植于花坛、花境，还可植于道路两侧或树穴作地被。

**应用要点** 适应性强，管理粗放，可春季栽培，保持土壤湿润，并适当追肥。

本属常用植物还有韭莲（*Z. carinata* Herb.），又称韭兰、红花葱兰、风雨花，叶线形、扁平；花冠漏斗状，筒部显著，粉红色或玫红色，花期 5—9 月。

## 百子莲 · 又称非洲百合

**学名** *Agapanthus africanus* (L.) Hoffmanns.

**科属** 石蒜科、百子莲属

**识别特征** 多年生草本。株高60 ~ 80 cm，具短缩根状茎和肉质根；叶基生，带状，两列；花葶直立，高出叶丛，伞形花序，每花序具小花20 ~ 50朵；花被6片，基部合生成钟状，白色至深蓝色。蒴果长棱形。花期6—7月。

**生态习性** 喜阳光充足，稍耐阴。不耐寒，上海可露地越冬，上海以南温暖地区可常绿。喜湿润，排水良好，不耐积水。对土壤适应性较强，喜肥沃、腐殖质丰富土壤。

**园林用途** 叶修长如带，花葶粗壮挺拔，花序圆整，硕大，花色冷艳。园林中最宜于规则式道路两侧条状种植，也可作花坛、花境材料，还可丛植或点缀于岩石旁。

**应用要点** 本属原产于非洲，园艺品种较多。原种适应性最强，但花色不统一，从白色至深蓝色均有；园林中对花色、植株整齐度有要求时，须选择相应的品种。

百子莲的花序和地被

## 白及 · 又称白芨、凉姜、紫兰、朱兰等

白及的地被、花、叶（上、下左）和白花白及的花（下右）



**学名** *Bletilla striata*（Thunb.）Rchb. f.

**科属** 兰科、白及属

**识别特征** 多年生草本。株高 30 ~ 40 cm；具块根状假鳞茎，扁圆形，有荸荠状环纹；叶阔披针形，基部下延成鞘状抱茎，平行脉凸起，使叶多褶皱。总状花序顶生，自叶丛抽生，花 3 ~ 7 朵，花色淡红至淡紫，花被 6 片，唇瓣 3 深裂，中裂片具波状齿；蒴果圆柱形。花期 4—5 月，果期 10—11 月。

**生态习性** 忌强光直射，耐阴性强。稍耐寒，上海地区可露地越冬，华北温室栽培。喜富含有机质的砂质壤土。

**园林用途** 叶形规整，花色淡雅，开花整齐。宜配置于林缘，可配于假山、景石旁，是林下优良的耐阴地被；根茎是著名的传统中药材，是赏用结合的优良植物。

**应用要点** 园林中应用的还有变种白花白及（*B. striata* var. *alba*）。长江流域栽培可露地越冬，北方地区须入冬前采收，沙藏越冬。

## 5.3 水生植物

### 荷花 · 又称莲花、菡萏、芙蓉、芙蕖

**学名** *Nelumbo nucifera* Gaertn.

**科属** 莲科、莲属

**识别特征** 多年生草本。地下茎肥大横生泥种，称为藕，株高60～120 cm；叶自藕节出抽生，盾状圆形，全缘，辐射状叶脉，直径可达70 cm。花单生，两性，萼片4～5，花后掉落，花瓣多数，有单瓣、复瓣、重台、千瓣，20～100枚，有红、粉、白、黄等花色，花托倒圆锥形花后膨大，称为莲蓬。花期6—9月。

**生态习性** 喜光照充足。喜温暖气候，耐寒性强，中国东北地区南部可露地越冬。喜湿怕干，缺水不能生存，要求肥沃、富含腐殖质的微酸性土壤或黏性土壤。

**园林用途** 植株飘逸，叶形雅致，花大色艳，花香四溢。为中国传统名花，素有“出淤泥而不染”之誉，常片植成荷塘观赏，也可盆栽观赏，还可以作切花；藕为传统蔬菜，莲子为滋补佳品。

**应用要点** 荷花品种较多，一般可以分为花莲、藕莲和子莲三类，应根据园林用途选择适宜的种类。宜生长于静水或流速缓慢的水体，水深一般不超过1 m。

荷花的植株和花

## 睡莲 · 又称子午莲、水芹花

**学名** *Nymphaea tetragona* Georgi

**科属** 睡莲科、睡莲属

**识别特征** 多年生草本。根状茎短粗；叶丛生，叶柄细长，漂浮于水面，近圆形或卵状椭圆形，全缘，背面紫红色，叶径6～11 cm。花单生，花梗细长，漂浮于水面，萼片4枚，花瓣多数，白色花径2～7.5 cm。花期5—9月。

**生态习性** 喜光照充足。喜温暖气候，耐寒性强，西伯利亚地区和日本均有分布。喜湿怕干，无水不长，最适水深为25～30 cm，一般不超过60 cm；对土壤要求不严，喜肥沃、富含腐殖质的土壤，pH6～8皆可。

**园林用途** 花叶俱美，叶形美观，花形规整，花色鲜艳。为重要水生花卉，常点缀于平静水池或自然湖面，也可盆栽观赏，还可作切花。

**应用要点** 睡莲种类较多，全属有40余种，现代睡莲多通过种间杂交培育，通常根据抗寒性将其分为耐寒性睡莲和不耐寒性睡莲两类，园林中应根据种植需求选择适合的品种。

睡莲为耐寒性睡莲，午后开放。其他耐寒性睡莲还有：香睡莲（*N. odorata* Aiton），叶圆形或长圆形，全缘，花白色，径8～13 cm，具浓香，午前开放；白睡莲（*N. alba* L.），叶圆形，全缘，花白色，径12～15 cm，白天开放；块茎睡莲（*N. tuberosa* Paine），叶圆形，幼时紫色，全缘，花白色，径10～22 cm，午后开放。

不耐寒性睡莲的主要种类有：蓝睡莲（*N. caerulea* Savigny），花浅蓝色，白天开放，径7～15 cm；红花睡莲（*N. rubra* Roxb. ex Andrews），花紫红色，夜间开放，径15～25 cm；埃及白睡莲（*N. lotus* L.），叶缘具尖齿，花白色，傍晚开放，午前闭合，径12～25 cm；墨西哥黄睡莲（*N. mexicana* Zucc.），叶浮生或稍高于水面，缘具浅锯齿，花浅黄色，略挺出水面，白天开放，径10～15 cm。

睡莲园艺品种景观、叶和两个园艺品种的花

## 王莲 · 又称亚马逊王莲、水玉米

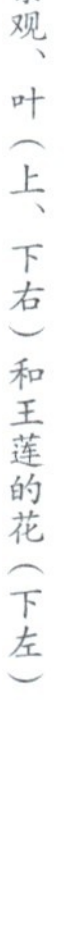

克鲁兹王莲的景观、叶（上、下右）和王莲的花（下左）



**学名** *Victoria amazonica* (Poepp.) Sowerby

**科属** 睡莲科、睡莲属

**识别特征** 多年生草本。根状茎短粗；叶丛生，叶柄长，漂浮于水面，幼叶卷曲呈锥状，成叶圆形，表面绿色、无刺，背面紫红色，叶脉具长刺，叶缘直立，高 7 ~ 10 cm；花单生，伸出水面开放，花后沉入水中，萼片 4 枚，花瓣多数，初开白色，后变深红色。花期 7—9 月。

**生态习性** 喜光照充足。喜高温、湿热气候，不耐寒，低于 20℃不能正常生长。喜湿怕干，无水不长，要求肥沃、富含腐殖质的土壤。

**园林用途** 叶片巨大，叶形奇特，花大色艳，颇为壮观。常用于点缀池塘静水，尤其适合配置于人工整形水池。

**应用要点** 王莲原产于热带，喜温暖、清洁水体，园林中应用应保持水温和水体清洁。同属观赏植物还有克鲁兹王莲 [ *V. cruziana* (Popp.) Sowerby ]，叶背绿色、微带红色，叶缘上翘比王莲高 1 ~ 2 倍。

## 萍蓬草 · 又称萍蓬莲、水粟

**学名** *Nuphar pumila*（Timm）DC.

**科属** 睡莲科、萍蓬草属

**识别特征** 多年生水生草本。根状茎横卧泥中，肥大块根状。浮叶植物。浮水叶卵形至椭圆形，先端圆钝，基部开裂，裂深约为全叶的 1/3，表面绿色，背面紫红色。花单生叶腋，伸出水面，萼片 5，黄色，花瓣状；花瓣多数，窄楔形，黄色；柱头红色。花期 5—7 月。

**生态习性** 喜光照充足。耐寒性强，中国南北各地均有分布。喜水湿，常生于浅水处，对土壤要求不严，喜肥沃、深厚土壤。

**园林用途** 株丛细密，叶形圆整，花形独特，花色金黄，点缀水面，颇具特色。常植于池塘浅水处，营造自然野趣，也可盆栽观赏。

**应用要点** 萍蓬草适应性强，养护管理粗放，宜植于浅水处。

萍蓬草的叶和花



## 芡实 · 又称鸡头米、鸡头荷、鸡头莲

芡实的叶

**学名** *Euryale ferox* Salisb. ex DC

**科属** 睡莲科、芡实属

**识别特征** 一年生水生草本。浮叶植物。叶丛生，有沉水叶和浮水叶，沉水叶箭形或椭圆肾形，两面无刺；浮水叶椭圆肾形至圆形，盾状，两面叶脉分枝处有锐刺；叶柄有刺。花单生，萼片 4 枚，披针形，内面紫色，外面密生弯刺；花瓣多数，披针形，紫红色，排成数轮；柱头红色。花期 7—8 月。

**生态习性** 喜光照充足。喜温暖湿润，中国各地有分布。喜水湿，深水、浅水皆可，对土壤要求不严，喜肥沃、深厚土壤。

**园林用途** 叶片硕大，最大者可达 3 m，叶形、花托奇特。常植于静水中点缀水面，营造自然野趣；种子富含营养。

**应用要点** 芡实为一年生植物，人工栽培应催芽，待苗高 15 ~ 30 cm 时方可移栽到池中。

## 千屈菜 · 又称水柳、水枝柳、对叶莲

**学名** *Lythrum salicaria* L.

**科属** 千屈菜科、千屈菜属

**识别特征** 多年生挺水植物。茎直立，具棱，多分枝，株高 50～150 cm；单叶对生或轮生，披针形，全缘。聚伞花序，小花多而密集，花梗短，萼筒有纵棱 12 条，裂片 6，花瓣 6，有短爪，稍皱缩，粉红至紫红色。花期 7—9 月。

**生态习性** 喜光照充足。喜温暖湿润气候，耐寒性强，中国南北各地均可露地栽培。喜水湿，最适于浅水栽培，也可作露地旱栽，对土壤要求不严，喜肥沃、富含腐殖质的土壤。

**园林用途** 植株高大，开花繁茂，花色艳丽，花期长，为优良竖直线条花卉。常作水体绿化材料，配植于水池或自然水体池岸边缘浅水处，也可作花境的背景材料，还可盆栽观赏。

**应用要点** 千屈菜作水生栽培时应注意控制水深，通常保持 5～10 cm 水深即可。

千屈菜的花序、叶、花（上）和植株（下）

## 南美天胡荽 · 又称香菇草

**学名** *Hydrocotyle verticillata* Thunb.

**科属** 伞形科、天胡荽属

**识别特征** 多年生草本。具匍匐茎，节上常生根，株高10 ~ 15 cm。叶互生，叶柄细长，圆盾形，12 ~ 15 浅裂，直径达7 ~ 8 cm。伞形花序，花瓣5枚，白色至淡黄色；雄蕊5枚；花柱2枚。花期3—6月。

**生态习性** 喜光照充足，稍耐阴。喜温暖湿润，不耐寒，上海地区可露地越冬。喜水湿，不耐干旱，对土壤要求不严。

**园林用途** 植株低矮，株丛细密，叶形圆整，叶色嫩绿。常植于浅水区域或近水潮湿地，作为浅水或滨水绿化材料，也可盆栽观赏。

**应用要点** 南美天胡荽可植于浅水也可旱栽，旱栽须保持土壤潮湿。

南美天胡荽的植株和花序

## 欧洲慈姑 · 又称慈姑、茨菰、燕尾草

**学名** *Sagittaria sagittifolia* L.

**科属** 泽泻科、慈姑属

**识别特征** 多年生草本。具匍匐根状茎，末端膨大成球茎，株高50 ~ 120 cm。叶基生，具沉水、浮水、挺水三型叶，沉水叶条形或叶柄状，浮水叶长圆状披针形或卵状椭圆形，基部深裂，挺水叶箭形，顶裂片与侧裂片等长，全缘。花序总状或圆锥状，花单性，雌花2 ~ 3轮，内轮较大，近圆形，白色，雄花多轮。花期7—8月。

**生态习性** 喜光照充足。喜温暖湿润环境，耐寒，欧洲广布。喜湿怕干，对土壤要求不严，以富含腐殖质的黏质壤土为宜。

**园林用途** 植株繁茂，叶色翠绿，叶形奇特，花形秀雅。常作水体绿化的材料，可丛植或片植于近湿地或浅水中，也可盆栽观赏。球茎富含淀粉，可供食用或制淀粉。

**应用要点** 欧洲慈姑宜浅水栽培，水深保持10 ~ 20 cm为宜。慈姑属约30种，常见栽培有野慈姑（*S. trifolia* L.）、华夏慈姑［*S. trifolia* subsp. *leucopetala*（Miquel）Q. F. Wang］、泽泻慈姑（*S. lancifolia* L.）。

欧洲慈姑的植株、叶（上）和泽泻慈姑的植株、花（下）

## 菖蒲

**学名** *Acorus calamus* L.

**科属** 菖蒲科、菖蒲属

**识别特征** 多年生草本。地下具横走的根状茎，多分枝，株高90 ~ 100 cm。叶基生，排成两列，剑状线形，主脉明显，有香味。花葶从叶间抽生，叶状佛焰苞剑状线形。肉穗花序顶生，狭锥状圆柱形，花黄绿色。花果期6—9月。

**生态习性** 喜光照充足，稍耐阴。喜温暖湿润环境，稍耐寒，华北地区可露地越冬。喜水湿，也可旱栽，对土壤要求不严，以富含腐殖质的黏质壤土为宜。

**园林用途** 株丛繁密，叶色苍翠，细挺如剑，有香味，花序也可爱。常作近岸或浅水绿化材料，可丛植或片植，也可盆栽观赏。根茎叶均可入药，中国民间端午节时常将其悬挂于门上。

**应用要点** 菖蒲喜水湿，可植于浅水中，也可露地旱栽，但须保持土壤湿润。园林中常用的菖蒲园艺品种有花叶菖蒲（*A. calamus* 'Variegata'）；此外，同属观赏栽培的还有石菖蒲（*A. gramineus* Soland.），又称金钱蒲，株高30 ~ 40 cm，肉穗花序白色；其常用的园艺品种为金叶石菖蒲（*A. gramineus* 'Ogan'），叶片上有黄色条带。

菖蒲的植株和叶

花叶菖蒲的景观、叶（上）和金叶石菖蒲的盆栽植株、叶（下）

## 大薸 · 又称水白菜、水浮萍、大萍叶

**学名** *Pistia stratiotes*

**科属** 天南星科、大薸属

**识别特征** 多年生水生草本。茎节极短，具横走茎，株高可达10 ~ 30 cm。浮水植物。叶簇生成莲座状，叶片异形，倒三角形至楔形，两面被毛，叶脉扇状伸展，背面隆起成褶皱状。肉穗花序，佛焰苞淡绿色，花小，无花被。花期5—11月。

**生态习性** 喜光照充足。喜温暖湿润气候，不耐寒，长江流域露地越冬。适应性强，喜肥沃水体，浅水、静水、河流、池塘皆可生。

**园林用途** 株形独特，如莲花宝座，漂浮于水面，具观赏情趣。多植于清洁平静水体，夏季点缀水面，也可盆栽观赏。

**应用要点** 大薸不耐寒，温度低于5℃不能生存，园林应用应设分隔圈养。

大薸的群落和植株

## 旱伞草 · 又称风车草、水竹、伞草

**学名** *Cyperus involucratus* Rottb.

**科属** 莎草科、莎草属

**识别特征** 多年生草本。根状茎短，秆稍粗壮，近圆柱状，株高60 ~ 150 cm。叶状苞片螺旋状排列于茎端，约20片，近等长，约为花序2倍。聚伞花序，具多数辐射枝，小穗多数，密生于辐射枝的二次分枝顶端。花果期8—10月。

**生态习性** 喜光照充足，稍耐阴。喜温暖湿润环境，耐寒，中国南北各地都有栽培。喜水湿，也可旱栽，对土壤要求不严，以富含腐殖质的黏质壤土为宜。

**园林用途** 株丛繁密，叶色苍翠，叶形奇特。常作水体绿化材料，丛植于近岸湿地或浅水中，也可盆栽观赏，还可制作盆景或作为切花材料。

**应用要点** 旱伞草可植于浅水中，也可露地旱栽，但须保持土壤湿润。

旱伞草的植株、叶状苞片（下）和苞片的螺旋状排列、花序辐射枝（上）

## 菰 · 又称高笋、菰笋、茭白、野茭白

菰的花序（上）、叶（中）和植株（下）

**学名** *Zizania latifolia*（Griseb.）Stapf

**科属** 禾本科、菰属

**识别特征** 多年生草本。地下具匍匐根状茎，地上茎直立，具多数节，株高 150 ~ 200 cm。叶互生，叶鞘长于节间，肥厚，有小横脉；叶片扁平宽大。圆锥花序顶生，长 30 ~ 50 cm；雄小穗着生于花序下部或分枝之上部，带紫色；雌小穗圆筒形，着生于花序上部和分枝下方与主轴贴生处。花期 8—9 月。

**生态习性** 喜光照充足。喜温暖湿润，耐寒，中国南北各地栽培。喜水湿，不耐干旱，对土壤要求不严，喜深厚肥沃土壤。

**园林用途** 植株高大，株丛茂密，叶片修长披散，叶色青翠。适应性强，常植于近岸浅水区作水体绿化。干被黑粉菌寄生后膨大、肥嫩，是著名的水生蔬菜"茭白"。

**应用要点** 菰可植于浅水也可旱栽，须保持土壤潮湿。

## 芦竹

**学名** *Arundo donax* L.

**科属** 禾本科、芦竹属

**识别特征** 多年生草本。地下具发达根状茎，地上茎直立，具多数节，株高 200 ~ 500 cm。叶互生，排成两列状，叶鞘长于节间，叶片扁平，抱茎。圆锥花序顶生，长 30 ~ 90 cm；每小穗含 2 ~ 4 小花；外稃具短芒，背面中部以下密生长柔毛。花期 9—10 月。

**生态习性** 喜光照充足。喜温暖湿润，稍耐寒，长江流域可露地越冬。喜水湿，不耐干旱，对土壤要求不严，喜深厚肥沃土壤。

**园林用途** 植株高大，茎秆修长挺拔，叶色青翠，花序硕大醒目。适应性强，常植于近岸低湿场地或浅水中，花序可作切花。

**应用要点** 芦竹常植于近水潮湿地，北方地区须保护越冬。

芦竹的植株、叶和花序

## 水葱 · 又称冲天草、翠管草、莞、南水葱

水葱的植株、茎和花序

**学名** *Schoenoplectus tabernaemontani*（C. C. Gmelin）Palla

**科属** 莎草科、水葱属

**识别特征** 多年生草本。具地下横走根茎，地上茎圆柱形，中空，株高 60 ~ 120 cm。叶基生，线形鞘状。聚伞花序顶生，小穗单生或 2 ~ 3 簇生辐射枝于顶端，小花多数，黄褐色。花期 6—8 月。

**生态习性** 喜光照充足，稍耐阴。喜温暖湿润环境，稍耐寒，长江流域可露地越冬。喜湿怕干，对土壤要求不严。

**园林用途** 株丛挺拔，秆细圆、修长，小花低垂梢端，颇具特色。适应性强，是水体绿化的优良材料，常植于近岸浅水中，颇具自然野趣。

**应用要点** 常生于沼泽湿地或池岸浅水中，园林中配植时水位保持在 5 ~ 10 cm 为宜。

## 香蒲 · 又称长苞香蒲、东方香蒲

**学名** *Typha orientalis* Presl

**科属** 香蒲科、香蒲属

**识别特征** 多年生草本。地下具匍匐根状茎，地上茎直立，株高 150 ~ 200 cm。叶基生，两列状，长条形，基部鞘状抱茎。花单性，穗状花序呈蜡烛状，浅褐色，雌雄花序紧密连接，雌花序在下，雄花序在上，雄花花后脱落。花期 5—7 月。

**生态习性** 喜光照充足。耐寒性强，长江流域至东北地区均有栽培。适应性强，常生于湖塘浅水，对土壤要求不严，喜深厚肥沃土壤。

**园林用途** 株丛高大，茎叶修长，花序奇特，颇具观赏性。适应性强，栽培范围广，是水体绿化的优良材料，常植于近岸浅水或低湿地中，也可盆栽观赏。

**应用要点** 宜植于阳光充足、通风良好处，生长期应保持土壤湿润。本属种类较多，常用的种类还有小香蒲（*T. minima* Funk）、长苞香蒲（*T. domingensis* Pers.）等。

香蒲的植株和花序

## 再力花 · 又称水竹芋、水莲蕉、塔利亚

**学名** *Thalia dealbata* Fraser

**科属** 竹芋科、水竹芋属

**识别特征** 多年生草本。具根状茎，株高 150 ~ 200 cm。叶基生，卵状披针形，全缘，叶柄具鞘，大部闭合。圆锥花序顶生，花轴长可达 2 m，花小，无柄，花瓣紫色。花期 7—8 月。

**生态习性** 喜光照充足，也耐半阴。喜温暖湿润环境，不耐寒，上海地区可露地越冬。喜湿怕干，对土壤要求不严，酸性至微碱性土壤均可生长。

**园林用途** 植株高大，叶柄细长，叶形雅致，如水中芭蕉，花色素雅。为水体绿化的优良材料，可丛植于岸边湿地或浅水中，也可盆栽观赏。

**应用要点** 再力花生长强健，2 ~ 3 年应分株一次；冬季霜后地上部分枯萎，应及时剪除。

再力花的花序和植株

## 梭鱼草 · 又称海寿花、箭叶梭鱼草、北美梭鱼草

**学名** *Pontederia cordata* L.

**科属** 雨久花科、梭鱼草属

**识别特征** 多年生草本。地上茎直立，株高 50 ~ 80 cm。叶基生，叶形多变，基生叶广卵圆状心形，基部心形，全缘。穗状花序顶生，花冠基部联合成筒状，蓝紫色，花被裂片 6，上方花瓣有两个黄色斑块。花期 5—10 月。

**生态习性** 喜光照充足。喜温暖湿润气候，不耐寒，上海地区可露地越冬。适应性强，喜湿，对水质和土壤无特殊要求。

**园林用途** 株丛繁密，叶形美观，叶色翠绿，开花繁茂，花色淡雅。适应性强，常植于湖池近岸浅水处或河道两侧，也可用于人工湿地。

**应用要点** 静水和缓慢流水均可生长，园林中应控制水位，以 20 cm 以下浅水为宜。园林中常用的种类还有白花梭鱼草（*P. cordata* var. *alba*），花白色。

梭鱼草的植株、花序（左、中）和白花梭鱼草的花序（右）

园林植物识别与应用

# 6 灌木树种的识别与应用

木本植物一般可以分为灌木和乔木两类，灌木一般是指地上部分没有明显主干的木本植物。不同的树木学教材对灌木的定义和范围不尽相同，本书将乔木以外的木本植物全部归入灌木，包括灌木、藤木、匍地类和小型竹类等。

# 6.1 常绿灌木

## 铺地柏 · 又称爬地柏、匍地柏

**学名** *Juniperus procumbens* (Siebold ex Endl.) Miq.

**科属** 柏科、刺柏属

**识别特征** 常绿灌木，匍匐状，株高达75 cm。叶全为刺叶，3叶交叉轮生，上面有两白色气孔线，下面基部两白色斑点，叶基下延生长。球果球形，被白粉。

**生态习性** 喜光，不耐阴。耐寒，喜温暖湿润气候，长江流域至北京地区均可生长。耐干旱，不耐水湿，对土壤要求不严，以排水良好的砂质壤土为宜。

**园林用途** 株形低矮，枝叶细密，叶色苍垂，周年常绿。常作木本地被，植于草地、边坡或花台观赏，也可植于岩石园或用作盆景材料。

**应用要点** 铺地柏适应性强，喜排水良好土壤，忌水涝，种植地点宜避免低湿处，栽培养护可按常规水平管理。

铺地柏的小枝和地被

## 矮紫杉 · 又称伽罗木

矮紫杉的植株、叶（上）和欧洲红豆杉的植株、小枝（下）

**学名** *Taxus cuspidata* 'Nana'

**科属** 红豆杉科、红豆杉属

**识别特征** 常绿灌木，株高可达2 m。枝条直立性强，小枝基部有宿存芽鳞。叶螺旋状互生，短而密，扁平线形，直而不弯，成不规则上翘两列。球果卵圆形，9月果熟。

**生态习性** 喜半阴，不耐晒。耐寒，喜凉爽湿润气候，北京地区可露地栽培。稍耐干旱，不耐涝，喜排水良好的微酸性土壤。生长较慢，耐修剪。

**园林用途** 枝叶浓密，树形低矮，叶色浓绿，周年常绿，果实红艳。常植于园林观赏，宜孤植于草地、道旁或林缘，还可以和岩石、建筑配植，也可以作绿篱或修剪成各种篱植造型。

**应用要点** 本属常用的种类还有欧洲红豆杉（*T. baccata* L.），叶片线形，长约3 cm，排成较疏松两列状，小枝基部有宿存芽鳞。

红豆杉属浅根树种，侧根发达，萌芽力强，耐修剪，但幼苗长势慢、抗逆性差、成活率低。

## 含笑花 · 又称含笑、含笑梅

含笑花的小枝、叶、花和植株

**学名** *Michelia figo*（Lour.）Spreng.

**科属** 木兰科、含笑属

**识别特征** 常绿灌木，株高可达 3 m。小枝、叶柄、花梗和花芽密生褐色绒毛。单叶互生，革质，倒卵状椭圆形，先端钝，基部楔形，全缘。花单生叶腋，花被片 6，肉质，乳黄色，边缘有紫晕，具香蕉味，花期 3—5 月。蓇葖果卵圆形，顶端有短尖的喙，果期 7—8 月。

**生态习性** 喜半阴，不耐强光暴晒。稍耐寒，喜温暖湿润气候，长江流域可露地越冬。不耐干旱，不耐水湿，喜肥沃、湿润、排水良好的微酸性至中性土壤。萌芽力强，耐修剪。

**园林用途** 枝叶稠密，叶色翠绿，花香浓郁，花期长，为著名香花植物。园林中常点缀于庭院观赏，宜孤植或丛植于花坛、墙角或建筑出入口侧，也可植于道旁、林缘或草坪边。花朵可用于熏制茶叶。

**应用要点** 含笑花不耐暴晒，也不喜强遮阴，太阴开花少。含笑花花期长，气温较高时花香较浓。

## 亮叶蜡梅 · 又称山蜡梅、臭蜡梅

**学名** *Chimonanthus nitens* Oliv.

**科属** 蜡梅科、蜡梅属

**识别特征** 常绿灌木。株高可达 3 m。单叶对生，革质，有光泽，揉搓有香味，椭圆状披针形至卵状披针形，先端渐尖或尾尖，基部楔形，全缘或有细齿，下面被白粉。花单生叶腋，较小，花被片多数，三角状披针形，黄白色，花期 11—12 月。聚合瘦果坛状，果期 5—7 月。

**生态习性** 喜光，耐阴。稍耐寒，喜温暖湿润气候，长江流域可露地越冬。耐干旱，对土质要求不严，以排水良好的轻壤土为宜。生长较慢。

**园林用途** 叶色翠绿，油亮有光泽，开花繁茂，叶片有香味。园林中可孤植点缀于墙角、路边或建筑周遭，也可作绿篱。

**应用要点** 亮叶蜡梅于园林中应用较少，枝繁叶茂，四季常绿，具有推广潜力。亮叶蜡梅的花期较早，开花较密，但花的气味并不令人愉悦。

亮叶蜡梅的花、叶、果实和植株

## 南天竹

**学名** *Nandina domestica* Thunb.

**科属** 小檗科、南天竹属

**识别特征** 常绿灌木，株高可达2 m。茎丛生，少分枝。二至三回羽状复叶互生，叶轴具关节，小叶椭圆状披针形，小叶先端渐尖，基部楔形，全缘，两面无毛。圆锥花序顶生，花小，萼片多数，花瓣6，白色，花期5—7月。浆果球形，熟时红色，果期10—12月。

**生态习性** 喜半阴，不耐晒。稍耐寒，喜温暖湿润气候，上海地区可露地越冬。不耐干旱，不耐水湿，对土壤要求不严，喜肥沃、湿润而排水良好的土壤，微酸性至中性土壤中均能生长。

**园林用途** 枝叶扶疏，株形优雅，叶色周年常绿，秋冬可观红叶红果。园林中常与山石或假山配植，也可丛植或群植于林缘和光照充足于林下作下木，还可列植于行道树下作绿篱。

**应用要点** 常用品种有火焰南天竹（*N. domestica* 'Firepower'），株形低矮，高仅30 ~ 40 cm，冠丛紧密，秋叶变红，愈冷愈红。南天竹发枝力弱，不宜进行修剪。

南天竹的叶、花、果实、植株（上、中）和火焰南天竹的植株、叶（下）

## 十大功劳·又称狭叶十大功劳、细叶十大功劳

**学名** *Mahonia fortunei* (Lindl.) Fedde

**科属** 小檗科、十大功劳属

**识别特征** 常绿灌木。株高可达2 m。羽状复叶互生，具小叶2～5对，小叶长8～9 cm，狭披针形，先端渐尖，基部楔形，缘有刺齿6～13对，小叶均无叶柄。总状花序4～8条簇生，花小，黄色，花期7—8月。浆果近球形，蓝黑色被白粉，果期9—12月。

**生态习性** 喜半阴，不耐晒。稍耐寒，喜温暖湿润气候，上海地区可露地越冬。不耐干旱，不耐水湿，对土壤要求不严，喜湿润而排水良好的微酸性至中性土壤。

**园林用途** 株丛紧密，叶色周年常绿，盛夏季节开黄色花，秋冬季节可观蓝黑果实。园林中常作为建筑的基础栽培或刺篱，也可作为林下地被。全株可入药。

**应用要点** 同属常用的种类还有阔叶十大功劳［*M. bealei* (Fort.) Carr.］，小叶7～15对，侧生小叶卵状椭圆形，内侧具刺齿1～4，外侧具刺齿3～6，顶生小叶卵形，较侧生小叶宽大。十大功劳耐阴性强，通风不良时易患煤污病。

十大功劳的株丛、叶（上）和阔叶十大功劳的花序、叶（下）

## 薜荔

薜荔的地被和叶

**学名** *Ficus pumila* L.

**科属** 桑科、榕属

**识别特征** 常绿藤木，茎长可达6m。具乳汁，小枝具褐色柔毛，具气生根。单叶互生，厚革质，叶二型，结果枝上叶大，卵状椭圆形，长4～10cm，营养枝上叶小，卵状心形，长2～4cm，基部歪斜，全缘，叶柄短。瘿花果梨形或倒卵形，果期10—11月。

**生态习性** 喜光，耐阴。稍耐寒，喜温暖湿润气候，产于中国长江流域以南地区。耐干旱，稍耐水湿，喜肥沃、排水良好的酸性至中性土壤。

**园林用途** 枝叶繁茂，叶色周年常绿，果形新奇，也可观赏。常作垂直绿化材料，用于假山、枯树或墙垣、堡坎绿化，也可列植修剪作绿篱。

**应用要点** 薜荔性强健，病虫害少，可粗放管理。

## 扶桑 · 又称朱槿

**学名** *Hibiscus rosa*-sinensis L.

**科属** 锦葵科、木槿属

**识别特征** 常绿灌木，株高可达6m。单叶互生，广卵形至长卵形，长4～9cm，先端尖，基部圆且全缘，缘有粗锯齿。花单生上部叶腋，花梗细长、被毛；小苞片线形，基部合生，被毛；花萼钟形，5裂，被毛；花冠漏斗状，有玫红色、黄色等颜色；可常年开花。蒴果卵球形。

**生态习性** 喜光，不耐阴。不耐寒，喜温暖湿润气候，华南地区可露地越冬。不耐干旱，不耐水湿，喜肥沃、湿润而排水良好的酸性至微酸性土壤。

**园林用途** 枝叶繁茂，花大色艳，红花绿叶，格外醒目，花期长，气候温暖可周年开花。华南温暖地区可孤植或丛植点缀于园林观赏，也可列植作花篱；长江流域以北只能盆栽观赏。

**应用要点** 扶桑园艺品种众多，花色丰富，也有观叶的品种。扶桑不耐寒，盆栽观赏时，冬季应及时移入室内加温越冬。

扶桑的植株、叶和花

## 锦绣杜鹃 · 又称毛鹃、春鹃

**学名** *Rhododendron* × *pulchrum* Sweet

**科属** 杜鹃花科、杜鹃花属

**识别特征** 半常绿灌木，株高可达 2 m。幼枝密被棕色扁毛。单叶互生，春叶纸质，秋叶革质，窄倒卵形或椭圆形，全缘，两面被毛。伞形花序顶生，花冠玫瑰红色，有紫瓣，裂片 5，花萼密被毛，雄蕊 10，长短不等，花期 4—5 月。蒴果长卵形。

**生态习性** 喜半阴，不耐晒。稍耐寒，喜温暖湿润气候，长江流域及其以南地区可广泛栽培。不耐干旱，不耐水湿，喜肥沃的酸性至微酸性土壤。

**园林用途** 枝叶繁茂，株丛低矮，开花繁茂，花色鲜艳，盛开时花团锦簇。园林中广泛栽培，可点缀林缘或树下，也可列植作花篱或片植作林下地被，还可盆栽观赏。

**应用要点** 锦绣杜鹃为半常绿性灌木，当温度低于−8℃时落叶，成为落叶性灌木。锦绣杜鹃喜阴，但不耐强阴。

锦绣杜鹃的叶、花和树丛

## 紫金牛 · 又称矮地茶

**学名** *Ardisia japonica*（Thunb.）Blume

**科属** 紫金牛科、紫金牛属

**识别特征** 常绿灌木，株高约30 cm。地下具横走根状茎，地上茎直立，不分枝。叶集生茎端，纸质，椭圆形至椭圆状倒卵形，长4～7 cm，先端急尖，基部楔形或圆，叶缘具尖锯齿。短总状花序腋生或顶生，有花3～5朵，萼片5，花冠5裂，有红色腺点，花期4—5月。浆果球形，熟时红色，果期11—12月。

**生态习性** 喜阴，不耐晒。稍耐寒，喜温暖湿润气候，长江流域可露地越冬。不耐干旱，不耐水湿，喜排水良好的酸性至微酸性土壤。生长较慢。

**园林用途** 植株低矮，叶色周年常绿，红果玲珑可爱。耐阴性极强，园林中常作耐阴地被，也可与山石小景配植，还可盆栽观赏。

**应用要点** 紫金牛喜酸性土壤的阴湿环境，不耐干旱，宜布置于光照良好的林下。同属常用的还有朱砂根（*A. crenata* Sims），又称红铜盘，也为常绿灌木，株高30～150 cm，叶缘为波状圆齿，叶两面有凸起，伞形花序或聚伞花序，有细长总梗。

紫金牛的地被、果株（上）和朱砂根的果株、果序（下）

## 海桐 · 又称海桐花

**学名** *Pittosporum tobira* (Thunb.) Ait.

**科属** 海桐科、海桐属

**识别特征** 常绿灌木，株高可达6 m。单叶互生，革质，长倒卵形，长5～12 cm，先端圆钝，基部楔形，全缘而反卷，两面无毛。伞房花序顶生，花白色，萼片、花瓣、雄蕊均为5，花期为5月。蒴果3瓣裂，种子红色，果期11—12月。

**生态习性** 喜光，耐阴。稍耐寒，喜温暖湿润气候，长江流域可露地越冬。稍耐干旱，不耐水湿，对土壤要求不严，微酸性至微碱性土壤中均能生长。萌芽力强，耐修剪。

**园林用途** 枝繁叶茂，叶色浓绿油亮，花先白后黄，具芳香，果实红色，也具观赏性。园林中常作为绿篱或修剪成球形点缀绿地，也可配植林下作耐阴下木。

**应用要点** 常用品种有花叶海桐（*P. tobira* 'Variegata'），叶片上有不规则白斑。海桐适应性强，极耐阴，栽培中可粗放管理。

海桐的植株、花、果实（上、下左）和花叶海桐的叶（下右）

## 常春油麻藤

**学名** *Mucuna sempervirens* Hemsl.

**科属** 豆科、油麻藤属

**识别特征** 常绿藤木，茎长可达10 m。羽状复叶互生，具3小叶，薄革质，顶生小叶卵状椭圆形，长7～12 cm，侧生小叶斜卵形，先端尾尖，基部歪斜，全缘。总状花序着生于老茎上，蝶形花冠，深紫色，花瓣具瓣柄和耳，子房被锈色毛，小花无柄，花期4月。荚果长条形，种子间缢缩。

**生态习性** 喜光，耐阴。稍耐寒，喜温暖湿润气候，上海地区可露地越冬。耐干旱，不耐水湿，对土壤要求不严，喜肥沃、排水良好的酸性至中性土壤。

**园林用途** 枝叶稠密，覆盖效果良好，老茎生花，花相奇特。常用作垂直绿化材料，可用于假山、枯树、围栏、墙垣和堡坎等绿化，也可攀附花架、凉亭装饰。

**应用要点** 常春油麻藤耐寒性不强，容易受低温冻害，冬季严寒时节宜适当保护。

常春油麻藤的绿化、叶和花

## 胡颓子

胡颓子的植株、叶表、叶背和果实



**学名** *Elaeagnus pungens* Thunb.

**科属** 胡颓子科、胡颓子属

**识别特征** 常绿灌木，株高可达 4 m。小枝被锈色鳞片，刺较少。单叶互生，革质，椭圆形至椭圆状披针形，长 5 ~ 7 cm，先端钝圆，基部广楔形或圆形，全缘而波状，背面银白色，有褐色锈点。花簇生叶腋，无花瓣，萼筒 4 裂，密被鳞片，银白色，花期 9—11 月。坚果核果状，椭圆形，熟时红色，果期翌年 5 月。

**生态习性** 喜光，耐阴。稍耐寒，喜温暖湿润气候，长江流域可露地越冬。耐干旱，耐水湿，对土壤要求不严，酸性至中性土壤中均能生长。生长较慢。

**园林用途** 枝叶茂密，周年常绿，园艺品种多，叶色丰富，果实红色，暮春时节满树红果。园林中常修剪成球形点缀于各类绿地中，也可列植作绿篱。

**应用要点** 常用品种有：金边胡颓子（*E. pungens* 'Aureo-marginata'），叶缘为金色；银边胡颓子（*E. pungens* 'Albo-marginata'），叶缘为银色；金心胡颓子（*E. pungens* 'Fredricii'），叶片中央具黄色斑块；金边埃比胡颓子（*E. ebbingei* 'Gilt Edge'），叶片较胡颓子大，叶色暗绿，叶缘橙黄色。

金边埃比胡颓子（上）和金心胡颓子（下）的植株、叶

## 菲油果 · 又称费约果、南美棯

菲油果的植株、叶、花和果实

**学名** *Acca sellowiana*（O. Berg）Burret

**科属** 桃金娘科、野凤榴属

**识别特征** 常绿灌木或小乔木，株高可达 4 m。单叶对生，长 5 ~ 8 cm，椭圆形或倒卵状椭圆形，先端圆钝，基部楔形，全缘，叶背密生白色绒毛。花单生叶腋，花萼、花瓣各 4，花瓣外面具白色柔毛，内面带紫色，雄蕊多数，花丝紫红色，花期 5—6 月。浆果椭球形，花萼宿存，果期 10—11 月。

**生态习性** 喜光，稍耐阴。稍耐寒，喜温暖湿润气候，上海地区可露地越冬。耐干旱，不耐水湿，对土壤要求不严，微酸性至微碱性土壤中均能生长。

**园林用途** 枝繁叶茂，树姿优美，叶色苍翠，花色艳丽，果形奇特。园林中可作为花灌木点缀于各类园林绿地中，孤植、丛植皆可。果实可食。

**应用要点** 菲油果耐寒性稍差，气温低于−10℃时会受到冻害，应采取防寒措施。果期应保持水分充足，否则易落果。

## 红千层 · 又称瓶刷木

**学名** *Callistemon rigidus* R. Br.

**科属** 桃金娘科、红千层属

**识别特征** 常绿灌木或小乔木，株高可达3 m。单叶互生，坚革质，条形，长4～9 cm，先端尖锐，中脉两面凸起，无柄。穗状花序顶生，似瓶刷，无梗，花瓣5，绿色，雄蕊多数，红色，花期6—8月。蒴果半球形，顶端平。

**生态习性** 喜光，不耐阴。稍耐寒，喜温暖湿润气候，上海地区可露地越冬。稍耐干旱，不耐水湿，对土壤要求不严，微酸性至微碱性土壤中均能生长。

**园林用途** 红千层枝叶细密，株形披散，开花繁茂，花色红艳。园林中常作为观花灌木点缀于各类绿地，最适宜孤植或丛植于路边、建筑前或草坪边供观赏。

**应用要点** 红千层不耐水湿，宜选地下水位高、排水通畅处种植。红千层移栽较困难，宜于萌芽前带大球移栽。

红千层的花枝和植株

## 香桃木·又称茂树

**学名** *Myrtus communis* L.

**科属** 桃金娘科、香桃木属

**识别特征** 常绿灌木，株高可达3m。单叶对生，革质，卵状椭圆形或披针形，长3～5cm，先端渐尖，基部楔形，全缘，叶揉搓后具香味。花单生叶腋，萼片5，花瓣5，白色，雄蕊多数，花期5—6月。浆果黑色，果期10月。

**生态习性** 喜光，稍耐阴。稍耐寒，喜温暖湿润气候，上海地区可露地越冬。稍耐干旱，不耐水湿，对土壤要求不严，微酸性至微碱性土壤中均能生长。萌芽力强，耐修剪。

**园林用途** 枝叶繁茂，树冠紧密，周年常绿，开白色花朵，洁白而芳香，叶片有香味。园林中可配置于各类绿地观赏，也可种植作色块、绿篱或修剪成球形观赏。

**应用要点** 常用的品种还有花叶香桃木（*M. communis* 'Variegata'），叶片边缘具不规则浅黄色斑块。香桃木适应性强，病虫害少，可粗放管理。

香桃木的叶、花、植株（上、中）和花叶香桃木的植株、叶（下）

## 东瀛珊瑚 · 又称青木

**学名** *Aucuba japonica* Thunb.

**科属** 山茱萸科、桃叶珊瑚属

**识别特征** 常绿灌木，株高可达3 m。单叶互生，革质，椭圆形至卵状长椭圆形，长8 ~ 20 cm，先端渐尖，基部广楔形，缘有2 ~ 4（6）对粗齿。雌雄异株，圆锥花序顶生，花小，萼片、花瓣各4，花瓣紫色，花期3—4月。核果球形至卵形，熟时红色，果期翌年4月。

**生态习性** 喜阴，不耐晒。稍耐寒，喜温暖湿润气候，上海地区可露地越冬。不耐干旱，不耐水湿，喜微酸性至中性土壤。生长较慢。

**园林用途** 植株繁茂，叶片宽大，叶色浓绿，周年常绿。园林中常栽培作耐阴下木或列植作绿篱，还可修剪成球形点缀于庭院中，也可盆栽观赏。

**应用要点** 园林中常用的品种为洒金东瀛珊瑚（*A. japonica* 'Variegata'），叶片表面有黄色斑点。东瀛珊瑚喜阴湿，不耐酷热暴晒，宜植于林下或背阴面。

洒金东瀛珊瑚的叶、花（上）和东瀛珊瑚的植株、叶（下）

## 扶芳藤

**学名** *Euonymus fortunei* (Turcz.) Hand.-Mazz.

**科属** 卫矛科、卫矛属

**识别特征** 常绿藤木，茎长可达10 m。茎、枝具气生根。单叶对生，革质，椭圆形至长倒卵形，先端钝，基部广楔形，缘有细锯齿。聚伞花序腋生，花部4数，绿白色，花期5—6月。蒴果近球形，假种皮橘红色，果期10月。

**生态习性** 喜光，稍耐阴。耐寒，喜温暖湿润气候，华北南部以南地区可种植。耐干旱，耐瘠薄，不耐水湿，对土壤要求不严，微酸性至中性土壤中均可生长。萌芽力强，极耐修剪。

**园林用途** 枝叶稠密，叶色油亮，四季常青，园艺品种较多，叶色较多。园林中常栽培用作地被、墙面或堡坎、岩石绿化，也可攀附于格栅、老树观赏。

**应用要点** 扶芳藤园艺品种较多，有金边、银边和斑叶扶芳藤等，可用作地被或植物模块。扶芳藤的气生根发达，可以作为水土防持植物加以利用。

扶芳藤的植株、垂直绿化、叶（上、下左）和金边扶芳藤的叶（下右）

## 枸骨 · 又称鸟不宿

枸骨的植株、花、果枝（上）和无刺枸骨的果枝（下）

**学名** *Ilex cornuta* Lindl. et Paxt.

**科属** 冬青科、冬青属

**识别特征** 常绿灌木或小乔木，株高可达4 m。单叶互生，硬革质，矩圆形，具5枚尖硬大刺齿，先端3枚，基部2枚。花小，簇生叶腋，黄绿色，花期4—5月。核果球形，熟时红色，果期9—10月。

**生态习性** 喜光，稍耐阴。稍耐寒，喜温暖湿润气候，长江流域广泛栽培。稍耐干旱，不耐水湿，喜肥沃、湿润、排水良好的酸性土壤，不耐盐碱性土壤。萌蘖性强，耐修剪。生长慢。

**园林用途** 枝繁叶茂，四季常青，秋冬季节，满树红果，极为醒目。常整形修剪成球形点缀于道旁、花坛、草坪边，或对植于建筑入口侧，还可作岩石园材料。

**应用要点** 枸骨须根较少，移栽时应注意保护土球不散，此外，易受蜡蚧危害，应注意防治。常用的园艺品种有无刺枸骨（*I. cornuta* 'National'），叶缘无刺齿，生长比枸骨更慢。

## 龟甲冬青 · 又称豆瓣冬青

**学名** *Ilex crenata* 'Convexa'

**科属** 冬青科、冬青属

**识别特征** 常绿灌木，株高可达1 m。单叶互生，革质，倒长卵形或椭圆形，先端圆钝或尖，基部楔形，缘有浅锯齿，稍反卷，叶面凸起。花两性，雄花为聚伞花序，雌花单生叶腋，白色，花期5—6月。核果球形，熟时黑色，果期10月。

**生态习性** 喜光，稍耐阴。稍耐寒，喜温暖湿润气候，长江流域广泛栽培。稍耐干旱，不耐水湿，喜肥沃、湿润、排水良好的酸性土壤，不耐盐碱性土壤。萌蘖性强，耐修剪。生长慢。

**园林用途** 株丛低矮，枝叶细密，四季常青，秋冬黑果也可观赏。常整形修剪成球形点缀于园林绿地观赏，也可片植作地被，还可作岩石园植物材料或制作盆景的材料。

**应用要点** 龟甲冬青为钝齿冬青（*I. crenata* Thunb.）的园艺品种。钝齿冬青又称波缘冬青，园艺品种较多，有金叶、斑叶、柱状的品种。龟甲冬青喜酸性土壤，不耐盐碱性土壤，在偏碱性土壤中生长不良。

龟甲冬青的枝、果实和植株

## 佛手

**学名** *Citrus medica* 'Fingered'

**科属** 芸香科、柑橘属

**识别特征** 常绿灌木，株高可达 3 m，具短硬枝刺。单叶，无翼叶，叶片长椭圆形，长 5 ~ 12 cm，基部宽楔形，先端圆钝，缘有钝齿。花单生或成短总状花序，淡紫色，一年中可开花数次。柑果先端裂如手指，熟时橙黄色，果期 10—11 月。

**生态习性** 喜光，稍耐阴。稍耐寒，喜温暖湿润气候，中国长江流域以南地区栽培。不耐干旱，不耐水湿，喜肥沃、排水良好的微酸性土壤。

**园林用途** 枝叶繁茂，叶色浓绿，果形奇特。常作为观果树种盆栽观赏，也可布置于花坛观赏。果实可入药、作蜜饯，还常用于泡酒。

**应用要点** 佛手一年中可开花数次，为保证坐果，在开花时应保留花序中大而花心带绿色的花朵，将其他花朵摘除。

佛手的叶和盆栽

## 洋常春藤 · 又称西洋常春藤

**学名** *Hedera helix* L.

**科属** 五加科、常春藤属

**识别特征** 常绿藤木，幼枝具星状柔毛。单叶互生，革质，营养枝上的叶 3 ~ 5 浅裂，裂片全缘，花果枝上的叶不裂，为卵状菱形。伞形花序。浆果状核果球形，黑色，果期翌年 4—5 月。

**生态习性** 喜阴，不耐晒。稍耐寒，喜温暖湿润气候，长江流域以南地区可露地越冬。不耐干旱，稍耐水湿，喜湿润、排水良好的酸性至中性土壤。生长较快。

洋常春藤（左）和加拿利常春藤（右）的叶

**园林用途** 枝叶细柔，株形轻盈，园艺品种较多，叶色多变。园林中常作耐阴地被，也可作假山、墙垣或力架绿化，还可盆栽观赏。

**应用要点** 同属常用的种类还有加拿利常春藤（*H. canariensis* Wild.），全缘，基部叶片常 3 ~ 5 浅裂，基部心形，适应性较洋常春藤更强。洋常春藤忌水湿，江南地区梅雨季节高温高湿，容易滋生病害，需要加强防治。

## 八角金盘

**学名** *Fatsia japonica*（Thunb.）Decne. et Planch.

**科属** 五加科、八角金盘属

**识别特征** 常绿灌木，株高可达5 m。茎直立，少分枝。单叶互生，常簇生枝端，掌状7～9裂，径20～40 cm，裂片长椭圆形，缘有齿。球状伞形花序聚生成顶生，圆锥状复花序，花小，白色，花期9—10月。核果球形，熟时紫黑色，果期翌年5月。

八角金盘的植株、叶、花序和花

**生态习性** 喜阴，不耐晒。稍耐寒，喜温暖湿润气候，上海地区可露地越冬。不耐干旱，不耐水湿，微酸性至中性土壤中均能生长。

**园林用途** 叶片硕大，叶形奇特，花序高大，花期长，果实紫黑色，也可观赏。园林中常作为耐阴下木配植于林下或林缘。

**应用要点** 八角金盘为极好的耐阴树种，耐阴能力极强，病虫害少，可粗放管理。同属常用的品种还有熊掌木［ × *Fatshedera lizei*（Hort. ex Cochet）Guillaumin］，为八角金盘和常春藤的杂交种，常绿蔓性灌木，株形较八角金盘小，株高可达1 m，叶掌状五裂，径12～20 cm，花黄绿色。

熊掌木的植株、叶、花序和花

## 络石

**学名** *Trachelospermum jasminoides* (Lindl.) Lem.

**科属** 夹竹桃科、络石属

**识别特征** 常绿藤木，茎长可达10 m。幼枝具黄色柔毛。单叶对生，革质，椭圆形或卵状披针形，先端尖或尾状渐尖，基部楔形，全缘。聚伞花序顶生，花冠高脚碟状，5裂，向右扭转，白色，花期5—7月。蓇葖果细长。

**生态习性** 喜光，耐阴。稍耐寒，喜温暖湿润气候，长江流域及其以南地区可露地越冬。耐干旱，不耐水湿，对土壤要求不严，喜肥沃的酸性至中性土壤。

**园林用途** 茎叶细长，叶色浓绿，周年常绿，开花繁茂，有芳香。园林中常作耐阴地被，也可作假山、墙垣、枯木、篱架绿化，还可附着篱架盆栽观赏。

**应用要点** 络石常用的园艺品种有花叶络石（*T. jasminoides* 'Variegatum'），具白色镶边或斑块；同属常用的品种还有黄金络石（*T. asiaticum* 'Ougon Nishiki'），新叶有橙红色斑块，老叶斑块变黄色。络石攀缘缠绕能力极强，具有较强的绞杀性，作林下地被配置时应谨慎。

络石的花株（上）、黄金络石的叶（下左）和花叶络石的新叶（下右）

## 夹竹桃 · 又称红花夹竹桃、欧洲夹竹桃

夹竹桃的花冠、花序、植株和叶

**学名** *Nerium oleander* L.

**科属** 夹竹桃科、夹竹桃属

**识别特征** 常绿灌木，株高可达5 m。3叶轮生，革质，狭披针形，先端尖，基部楔形，全缘。伞房状聚伞花序顶生，花冠漏斗状，裂片5，向右扭旋，喉部有副花冠，流苏状，5裂，花色有红、粉、白等颜色，花期6—10月。蓇葖果细长，果期8—10月。

**生态习性** 喜光，稍耐阴。稍耐寒，喜温暖湿润气候，长江流域以南地区可露地越冬。耐干旱，稍耐水湿，土壤适应性强，酸性至微碱性土壤中均能生长。生长较快。

**园林用途** 枝叶繁茂，周年常绿，开花极为繁茂，花期长。常植于各类园林绿地观赏，可孤植或丛植点缀于墙角、道旁、山坡或水边，也可列植或群植作道路绿化或厂矿绿化。

**应用要点** 夹竹桃园艺品种较多，有不同花色、瓣型和叶色的品种。夹竹桃有毒，不可误食，不宜用于幼儿园或小学校园绿化。

## 日本女贞

银霜女贞的植株、叶、花序、花（上、中）和金森女贞的植株、叶（下）



**学名** *Ligustrum japonicum* Thumb.

**科属** 木犀科、女贞属

**识别特征** 常绿灌木，株高可达 5 m。幼枝疏生短柔毛。单叶对生，革质，卵形或卵状椭圆形，先端尖或稍钝，基部楔形，全缘，稍反卷。圆锥花序顶生，花萼钟状，4 裂，花冠筒状，4 裂，花冠裂片短于花冠筒，白色，花期 5—6 月。核果椭圆形，果期 11 月。

**生态习性** 喜光，稍耐阴。稍耐寒，喜温暖湿润气候，长江流域及其以南地区栽培。稍耐干旱，不耐水湿，对土壤要求不严，喜微酸性至中性土壤。生长较慢，萌芽力强，耐修剪。

**园林用途** 枝繁叶茂，株形紧凑，新叶金黄色，有光泽，初夏季节满树白花，具芳香。园林中常作绿篱栽培，也可修剪成球形或各种绿雕。对二氧化硫及氯气抗性强，可作防护树种。

**应用要点** 日本女贞常用的品种有：金森女贞（*L. japonicum* 'Howardii'），新叶嫩黄，老叶变绿；银霜女贞（*L. japonicum* 'Jack Frost'），叶缘具乳白色不规则镶边。

## 卵叶女贞

**学名** *Ligustrum ovalifolium* Hassk.

**科属** 木犀科、女贞属

**识别特征** 半常绿灌木，株高可达 3 m。小枝棕色，枝、叶无毛。单叶对生，椭圆状卵形，先端稍钝，基部楔形，全缘。圆锥花序顶生，花梗较短，花冠筒长为裂片长的 2 ~ 3 倍，白色，花期 6—7 月。核果球形或椭球形，果期 11 月。

**生态习性** 喜光，稍耐阴。稍耐寒，喜温暖湿润气候，长江流域及其以南地区栽培。稍耐干旱，不耐水湿，对土壤要求不严，喜微酸性至中性土壤。生长较慢，萌芽力强，耐修剪。

**园林用途** 枝叶细密，株形低矮，初夏季节开白花，具芳香。园林中常作绿篱栽培，也常修剪成球形或各种绿雕，点缀于庭院或各种绿地中。

**应用要点** 园林中常用的品种为柠檬之光女贞（*L. ovalifolium* 'lemon and lime'），新叶亮黄色，老叶黄绿色，中间有绿色斑块。柠檬之光女贞在光照充足条件下叶色才鲜艳，但夏季强光暴晒易焦叶。

柠檬之光女贞的叶和植株

## 柊树 · 又称刺桂

**学名** *Osmanthus heterophyllus* (G. Don) P. S. Green

**科属** 木犀科、木犀属

**识别特征** 常绿灌木或小乔木，株高可达6 m。单叶对生，硬革质，长圆状椭圆形，先端渐尖，基部楔形，边缘具3～4对刺齿。花5～8朵簇生叶腋，白色，芳香，花期10—12月。核果卵形，蓝黑色，果期翌年5—6月。

**生态习性** 喜光，稍耐阴。稍耐寒，喜温暖湿润气候，长江流域及其以南地区栽培。稍耐干旱，不耐水湿，对土壤要求不严，喜微酸性至中性土壤。生长较慢。

**园林用途** 株形低矮，树姿粗犷，秋冬季开白花，有芳香。园林中常孤植点缀庭院观赏，也可列植栽培作绿篱。

**应用要点** 本种园艺品种较多，有金边刺桂（*O. heterophyllus* 'Aureo-marginatus'）、银边刺桂（*O. heterophyllus* 'Argenteo-marginatus'）、三色刺桂（*O. heterophyllus* 'Tricolor'）等。

柊树（上）、三色刺桂（中）和金边刺桂（下）的植株、叶

## 云南黄馨·又称云南黄素馨、南迎春、云南迎春

云南黄馨的植株、叶和花



**学名** *Jasminum mesnyi* Hance

**科属** 木犀科、素馨属

**识别特征** 常绿灌木，株高可达3 m。小枝绿色，拱形下垂，四棱形。三出复叶对生，卵形或卵状披针形，先端具短尖头，基部楔形，叶缘反卷，有睫毛。花单生叶腋，花叶同放，萼片6~8，花冠漏斗状，裂片为6~8，黄色，花期4月。

**生态习性** 喜光，稍耐阴。稍耐寒，喜温暖湿润气候，上海地区可露地栽培。稍耐干旱，耐瘠薄，不耐水湿，对土壤要求不严，微酸性至微碱性土壤中均能生长。

**园林用途** 枝条细密，株形披散，开花繁茂，暮春时节满枝金黄。常作花灌木点缀园林，可配置于林缘、水边、堡坎和边坡顶部，还可以列植作花篱。

**应用要点** 云南黄馨适应性强，病虫害较少，可粗放管理。

## 浓香茉莉 · 又称金茉莉、浓香探春

**学名** *Jasminum odoratissimum* L.

**科属** 木犀科、素馨属

**识别特征** 常绿灌木，株高可达 3 m。奇数羽状复叶互生，小叶 3～7，卵形，先端渐尖，基部宽楔形至圆形，全缘。伞房状聚伞花序顶生，花萼筒钟状，花萼齿三角状，绿色，花冠高脚蝶状，5～6 裂，黄色，花期 5—6 月。

**生态习性** 喜光，稍耐阴。稍耐寒，喜温暖湿润气候，上海地区可露地越冬。不耐干旱，不耐水湿，对土壤要求不严，喜微酸性至中性土壤。

**园林用途** 枝叶浓密，株形自然披散，黄花绿叶，花期较长，有香味。常作花灌木点缀各类园林绿地，可点缀于林缘、墙角或作为花境的骨架材料。

**应用要点** 浓香茉莉枝叶浓密，干性不强，雨季树冠容易倒伏，宜适当修剪，维持较好的株形。



浓香茉莉的花序、花冠、植株和叶

## 栀子 · 又称黄栀子、栀子花

**学名** *Gardenia jasminoides* Ellis

**科属** 茜草科、栀子属

**识别特征** 常绿灌木，株高可达3 m。单叶对生或3叶轮生，革质，倒卵状长椭圆形，先端渐尖，基部楔形，全缘。花单生枝端或叶腋，花萼5～7裂，裂片线形，花冠高脚碟状，常6裂，白色，具浓香，花期6—8月。浆果卵形，具5～7纵棱，熟时橘红色。

**生态习性** 喜光，稍耐阴。稍耐寒，喜温暖湿润气候，长江流域广泛栽培。稍耐干旱，不耐水湿，喜肥沃、湿润、排水良好的酸性土壤，不耐盐碱性土壤。萌蘖性强，耐修剪。

**园林用途** 栀子树姿优雅，叶色亮绿，四季常青，花色洁白，花香浓郁，果实如花瓶，也颇可爱。园林中常作花灌木点缀庭院角落、道旁、林缘，也可列植于路边用作花篱。果实可入药。

**应用要点** 园林中常用的有：栽培品种重瓣栀子（*G. jasminoides* 'Fortuniana'），花大而重瓣；雀舌栀子（*G. jasminoides* 'Radicans'），叶较小，披针形，重瓣花。栀子花喜酸性土壤，在偏碱性土壤中会发生黄化，生长不良。

栀子的花、叶、植株（上、中）和雀舌栀子（下）的叶、花

## 六月雪 · 又称满天星

**学名** *Serissa japonica* (Thunb.) Thunb.

**科属** 茜草科、六月雪属

**识别特征** 常绿或半常绿灌木，株高可达 90 cm。单叶对生，常簇生枝端，革质，狭椭圆形或狭倒卵形，长 1～2 cm，先端尖或突尖，基部楔形，全缘。花单生或簇生于枝端、叶腋，花冠漏斗形，5 裂，花瓣顶端 3 裂，白色，花期 5—7 月。核果球形。

**生态习性** 喜阴，不耐晒。稍耐寒，喜温暖湿润气候，上海地区可露地越冬。不耐干旱，稍耐水湿，喜微酸性至中性土壤。生长较慢。

**园林用途** 枝叶纤细，株丛紧密，夏季开花，花小而繁密。园林中常栽培作绿篱，或作为盆景材料。

**应用要点** 常用品种有金边六月雪（*S. japonica* 'Aureo-marginata'），叶缘有黄色镶边。六月雪喜阴湿环境，不耐酷热干燥，宜植于林下或背阴处。

金边六月雪的盆栽和花冠

## 忍冬 · 又称金银花

**学名** *Lonicera japonica* Thunb.

**科属** 忍冬科、忍冬属

**识别特征** 半常绿藤木，茎长可达 9 m。枝幼时密被柔毛，老树皮条状剥落。单叶对生，卵形或椭圆状卵形，长 3～9 cm，先端渐尖至钝，基部圆或近心形，全缘。花成对腋生，花萼筒无毛，花冠管状，二唇形，上唇 4 裂，下唇狭长而反卷，初开时白色，渐变黄色，具芳香，花期 5—7 月。浆果球形，果期 8—10 月。

忍冬的植株、叶和花

**生态习性** 喜光，耐阴。耐寒，也耐热，中国南北各地均有栽培。耐干旱，耐水湿，对土壤要求不严，酸性至微碱性土壤中均能生长。

**园林用途** 茎蔓细长，株形轻盈，开花繁茂，先白后黄，花香馥郁。园林中常作垂直绿化材料，可用于墙面、棚架、墙垣、堡坎和篱笆绿化。花蕾可入药，是重要的传统药用植物。

**应用要点** 忍冬园艺品种较多，适应性强，病虫少，可粗放管理。

## 亮叶忍冬 · 又称亮绿忍冬

**学名** *Lonicera ligustrina* var. *yunnanensis* Franch.

**科属** 忍冬科、忍冬属

**识别特征** 常绿灌木，株高可达2 m。单叶对生，革质，卵形或矩圆形，长1～2 cm，先端钝尖，基部广楔形至圆形，全缘。花小，成对腋生，花冠筒状，4裂，黄绿色，花期4—6月。浆果球形，黑紫色，果期9—10月。

**生态习性** 喜光，耐阴。耐寒，也耐热，上海地区可露地越冬。稍耐干旱，不耐水湿，对土壤要求不严，微酸性至微碱性土壤中均能生长。生长慢，耐修剪。

**园林用途** 枝叶细密，株形平展，叶色亮绿，周年常绿，果实也可观赏。园林中常作耐阴地被，可植于林缘、高架桥阴或林下，也可列植于道路两侧作绿篱或片植于草坪修剪作绿色模块，还可用作岩石园植物。

**应用要点** 亮叶忍冬对光照、土壤适应性极广，可粗放管理。

亮叶忍冬的植株和小枝

## 琉球荚蒾 · 又称长筒荚蒾

**学名** *Viburnum suspensum* Lindl.

**科属** 忍冬科、荚蒾属

**识别特征** 常绿灌木，株高可达3 m。单叶对生，革质，卵形或卵状椭圆形，长4～8 cm，先端钝尖，基部广楔形至圆形，缘具钝锯齿，上表面叶脉凹陷。圆锥花序顶生，具长总梗，花冠筒状，5裂，乳白色，花期4—5月。浆果球形，橙红色，果期9—10月。

**生态习性** 喜光，稍耐阴。稍耐寒，也耐热，上海地区可露地越冬。稍耐干旱，不耐水湿，对土壤要求不严，微酸性至微碱性土壤中均能生长。

**园林用途** 枝叶茂密，周年常绿，果实红艳，可观赏。园林中可修剪成球形点缀于道旁、林缘或草坪边，也可列植于道旁作绿篱。

**应用要点** 琉球荚蒾适应性强，对土壤、光照要求不严，具有较高的推广价值。

琉球荚蒾的植株、叶、花序和花冠

## 布克荚蒾

**学名** *Viburnum burkwoodii* Hort.

**科属** 忍冬科、荚蒾属

**识别特征** 常绿灌木，株高可达3 m。幼枝、叶柄、叶背密被星状毛。单叶对生，卵形或卵状椭圆形，长5 ~ 10 cm，先端尖，基部圆或微心形，缘具细齿和柔毛，上表面具簇毛。复伞形花序顶生，具长总梗，花萼钟状，5裂，花冠漏斗状，5裂，蕾时粉红色，开放后白色，花期4月。

**生态习性** 喜光，稍耐阴。稍耐寒，也耐热，上海地区可露地越冬。不耐干旱，不耐水湿，喜排水良好的微酸性至中性土壤。

**园林用途** 枝叶较稀疏，花朵硕大，花色素雅，花蕾粉红，盛开后纯白。园林中可作花灌木点缀于庭院观赏，宜植于道旁、林缘、墙角或草坪边缘，也可与山石、假山或建筑配植。

**应用要点** 布克荚蒾生长缓慢，移栽时不宜强剪，否则树冠恢复困难。

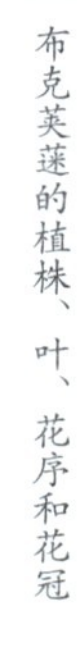
布克荚蒾的植株、叶、花序和花冠

## 地中海荚蒾

· **学名** *Viburnum tinus* L.

· **科属** 忍冬科、荚蒾属

· **识别特征** 常绿灌木，株高可达3 m。叶背、花轴、背脉、叶缘密被长毛。单叶对生，卵形或狭卵形，长5～10 cm，先端渐尖，基部圆，全缘。复伞形花序顶生，花萼钟状，5裂，花冠漏斗状，5裂，花蕾粉红色，开放后白色，花期3—4月。

· **生态习性** 喜光，稍耐阴。稍耐寒，也耐热，上海地区可露地越冬。不耐干旱，不耐水湿，喜排水良好的微酸性至中性土壤。

· **园林用途** 枝叶繁茂，花蕾期冬春，观花蕾犹胜于观花。园林中可作花灌木点缀于庭院观赏，也可列植作花篱，还可盆栽观赏。

· **应用要点** 地中海荚蒾常观赏粉红花蕾，花芽顶生，不宜秋冬修剪，否则观赏不到花蕾。

地中海荚蒾的植株、花蕾（右）和叶、花冠（左）

## 大花六道木

**学名** *Abelia × grandiflora* (André) Rehd.

**科属** 忍冬科、六道木属

**识别特征** 半常绿灌木，株高可达2 m。幼枝红褐色，被短柔毛。单叶对生，卵形或卵状披针形，长2～4 cm，先端微状渐尖，基部圆，缘有疏锯齿。圆锥花序顶生，花萼筒状，2～5裂，粉红色，花冠漏斗状，5裂，白色，花期7—10月。

**生态习性** 喜光，稍耐阴。稍耐寒，淮河以南地区可露地越冬。耐干旱，不耐水湿，喜排水良好的微酸性至中性土壤。

**园林用途** 枝叶细密，株形紧凑，夏秋季节满树白花，开花不断。园林中可孤植或丛植于草坪、林缘、道旁、建筑前或假山旁观赏，也可列植于道旁作花篱。

**应用要点** 大花六道木为糯米条与单花六道木的杂交种，园艺品种较多。常用品种有：金叶大花六道木（*A.* 'Aurea'），新叶金黄色；金边大花六道木（*A.* 'Francis Mason'），叶缘具黄色镶边。

大花六道木的花枝、小枝（上）和金叶大花六道木的花序、新叶（下）



## 澳洲朱蕉 · 又称新西兰朱蕉、剑叶朱蕉

**学名** *Cordyline australis* Hook. f

**科属** 百合科、朱蕉属

**识别特征** 常绿乔木或灌木，株高可达6 m。叶集生茎端，狭剑形，长60～100 cm，先端急尖，中脉明显，新叶硬直，老叶拱垂。圆锥花序顶生，乳白色，花期5—7月。

**生态习性** 喜光，不耐阴。稍耐寒，喜温暖湿润气候，上海地区可露地越冬。稍耐干旱，不耐水湿，喜微酸性至中性土壤。生长较慢。

**园林用途** 叶形如剑，修长匀称，周年长绿，树姿优美。园林中常点缀于花丛观赏，可作花境材料，也可作盆栽。

**应用要点** 澳洲朱蕉是朱蕉属耐寒性较强的种类，上海小气候优良环境可露地越冬，冬季严寒时仍须包裹植株进行保护。

澳洲朱蕉的两个常用品种

## 凤尾兰 · 又称剑麻、凤尾丝兰

**学名** *Yucca gloriosa* L.

**科属** 百合科、丝兰属

**识别特征** 常绿灌木，株高可达 3 m。叶集生茎端，狭长剑形，硬直，长 40 ~ 60 cm，先端锐尖，边缘光滑。大型圆锥花序直立，高 1 ~ 2 m，花下垂，花瓣 6，乳白色，一年开花两次，花期 5—6 月和 9—10 月。蒴果不开裂。

**生态习性** 喜光，稍耐阴。耐寒，喜温暖湿润气候，北京小环境良好处可露地栽培。耐干旱，不耐水湿，喜微酸性至中性土壤。生长较慢。

**园林用途** 叶形如剑，株形优美，花序高大，花色洁白。园林中常植于花坛观赏，也可植于草坪边缘，最适宜配植岩石园观赏。

**应用要点** 本属常用的种类还有丝兰（*Y. flaccida* Haw.），其株形、花与凤尾兰相似，区别之处是丝兰的植株较凤尾兰低矮，近无茎，叶缘密生卷曲细丝，耐寒性较凤尾兰弱。

凤尾兰的植株、叶、花序、花（上、中）和丝兰的植株、叶（下）

## 孝顺竹

* **学名** *Bambusa multiplex* (Lour.) Raeusch. ex Schult.
* **科属** 禾本科、簕竹属
* **识别特征** 丛生竹类，竿高可达 7 m，竿径 2 ~ 4 cm。竿环稍隆起。每节多分枝，主枝发达。每小枝具叶 5 ~ 9 片。箨鞘背面绿色、无毛，箨耳不明显，箨舌边缘呈不规则齿裂；箨片直立，狭三角形，背面有暗棕色小刺毛。笋期 6—8 月。
* **生态习性** 喜光，不耐阴。稍耐寒，喜温暖湿润气候，长江流域可露地栽培。稍耐干旱，不耐水湿，不择土壤，在微酸性至微碱性土壤中也能生长。
* **园林用途** 株丛紧密，竿身弯曲，竹梢下垂，线条优美。园林中常丛植于道旁、墙角或林间空地观赏。竹笋可食。
* **应用要点** 常用的栽培品种还有：凤尾竹（*B. multiplex* 'Fernleaf'），株丛矮小，高不超 2 m，竹竿纤细，径约 1 cm，枝叶细密；花竿孝顺竹（*B. multiplex* 'Alphonse Karr'），竿金黄色，夹有绿色条纹。

孝顺竹的竹丛、竹笋（上），花竿孝顺竹的竿、枝（中）和凤尾竹的竹丛、叶（下）

## 菲白竹

**学名** *Pleioblastus fortunei*（v. Houtte）Nakai

**科属** 禾本科、苦竹属

**识别特征** 丛生竹类，竿高可达 80 cm。地下茎为复轴混生；下部每节一分枝，上部每节二至数分枝，小枝具叶 4 ~ 7 片，小叶披针形，长 6 ~ 15 cm，叶面有白色纵条纹。

**生态习性** 喜光，耐阴。耐寒，喜温暖湿润气候，北京小环境气候良好处可栽培。稍耐干旱，不耐水湿，喜微酸性至中性土壤。

**园林用途** 株丛低矮，枝叶细密，叶色绿白相间，皎洁素雅。园林中常作地被配置于林缘或草地边，也可以列植作绿篱，还可与假山、景石配植。

**应用要点** 本属相近的品种还有菲黄竹［*P. viridistriatus*（Regel）Makino］，竹丛稍高大，高可达 1.2 m，叶片上有黄色纵条纹。

菲白竹的竹丛、叶（上）和菲黄竹的地被、叶（下）

## 阔叶箬竹

**学名** *Indocalamus latifolius* (Keng) Mc Clure

**科属** 禾本科、箬竹属

**识别特征** 丛生竹类，竿高可达1 m。每节一分枝。竿箨宿存，背面有棕色刺毛，箨耳不明显，箨舌截平。每小枝具叶1～3片，长圆状披针形，长10～30 cm，宽2～5 cm，叶片在下表面中脉两侧无成纵行的毛丛。笋期4—5月。

**生态习性** 喜半阴，不耐晒。耐寒，喜温暖湿润气候，北京小环境气候良好处可栽培。稍耐干旱，不耐水湿，不择土壤，在微酸性至微碱性土壤中也能生长。

**园林用途** 株丛低矮，叶片较宽大，株形自然。园林中常作地被配置于林缘或林下，也可以列植作绿篱，还可与假山、景石配植。

**应用要点** 同属常用的还有箬竹[*I. tessellatus* (Munro) Keng f.]，叶长可达20～46 cm，宽可达4～10 cm。阔叶箬竹与之区别为下表面中脉一侧或两侧有成行的毛丛。

## 6.2 落叶灌木

### 紫玉兰 · 又称辛夷、木笔

**学名** *Yulania liliflora*（Desr.）D. L. Fu

**科属** 木兰科、玉兰属

**识别特征** 落叶灌木或小乔木，株高可达 3 ~ 5 m。小枝常具环状托叶痕。单叶互生，叶片椭圆形或倒卵状椭圆形，全缘。花单生枝顶，花大，花被 9 枚，萼片 3 枚，较小，黄绿色，花瓣 6 枚，外面紫色，内面浅紫色，花期 3—4 月，先叶开放。聚合蓇葖果，果期 9—10 月。

**生态习性** 喜光，稍耐阴。稍耐寒，喜温暖湿润气候，黄河流域以南各地栽培。不耐干旱，不耐水湿，喜湿润、肥沃、排水良好的砂质壤土，不耐盐碱性土壤。生长慢。萌蘖力强。

**园林用途** 先花后叶，花大色艳，开花繁密，是著名的早春观赏花木，最适于庭院栽培观赏，宜孤植或散植于花台、墙角、建筑入口两侧观赏。

**应用要点** 紫玉兰为肉质根，忌积水，种植地点宜干不宜湿。喜微酸性土壤，不耐盐碱性土壤，种植于偏碱性土壤中将导致树势逐年衰弱。

紫玉兰的开花植株、花、叶和叶柄

## 蜡梅 · 又称腊梅、黄梅、黄梅花

**学名** *Chimonanthus praecox* (L.) Link

**科属** 蜡梅科、蜡梅属

**识别特征** 落叶灌木，株高可达4 m。幼枝四方形，老枝近圆柱形，有皮孔。单叶对生，纸质，卵圆形至椭圆状卵形，基部急尖至圆形，顶端急尖至渐尖，全缘。花单生，先叶开放，花被片15 ~ 21，外部花被卵状椭圆形，内部花被片较短，基部具爪，黄色，香气清远，花期11月至翌年3月。瘦果坛状，果期4—11月。

**生态习性** 喜光，耐阴。耐寒，喜温暖湿润气候，北京地区可露地栽培。稍耐干旱，忌水湿，喜土层深厚、肥沃、排水良好的微酸性砂质壤土，不耐盐碱性土壤。生长较慢。

**园林用途** 寒冬腊月临寒盛开，金黄似蜡，满树金黄，清香四溢，是冬季主要观赏花木。广泛应用于园林绿化，可孤植、对植、群植，宜与其他园林小品搭配栽植，还可应用于岩石园或与假山配置。

**应用要点** 蜡梅怕涝，土壤湿度过大容易导致蜡梅生长不良，露地在雨季还要防止积水。耐修剪，宜整形。

蜡梅的植株、叶、花株和花

## 柳叶蜡梅

**学名** *Chimonanthus salicifolius* Hu

**科属** 蜡梅科、蜡梅属

**识别特征** 落叶或半常绿灌木，株高可达3 m。单叶对生，近革质，线状披针形至长圆状披针形，先端钝尖，基部楔形，叶缘被短硬毛，叶面粗糙。花单生叶腋，较小，花被片多数，披针形，黄白色，花期11—12月。聚合瘦果坛状，果期5—7月。

**生态习性** 喜半阴，不耐晒。稍耐寒，喜温暖湿润气候，长江流域可露地越冬。耐干旱，对土质要求不严，以排水良好的轻壤土为宜。生长较慢。

**园林用途** 叶形修长，树姿细雅，绿叶期长。园林中可孤植点缀于墙角、路边或建筑周遭，也可用作绿篱。

**应用要点** 当前园林中柳叶蜡梅应用较少，具有推广潜力。柳叶蜡梅的花期较早，但花较小，香味较淡。

柳叶蜡梅的植株、叶、花和果实

## 夏蜡梅 · 又称蜡木、大叶柴、牡丹木、夏梅

**学名** *Calycanthus chinensis* (W. C. Cheng & S. Y. Chang) P. T. Li

**科属** 蜡梅科、夏蜡梅属

**识别特征** 落叶灌木，株高可达3 m。树皮灰白色，小枝对生。单叶对生，全缘波状或有不规则的细齿。花单生枝顶，花被片多数，粉白色，边缘淡紫红色，有脉纹，花期5月中下旬。瘦果长圆形，果期10月上旬。

**生态习性** 喜阴，怕烈日暴晒。稍耐寒，喜温暖湿润环境，长江流域可露地越冬。不耐干旱与瘠薄，忌积水，喜湿润排水良好酸性土壤。生长较慢。

**园林用途** 初夏开花，花形奇特，色彩淡雅。园林中可孤植、丛植或与其他植物配植，宜配植于光照良好的开阔林下或建筑物背光处。

**应用要点** 夏蜡梅喜阴湿环境，对光照的要求比较严格，在强光下生长不良，甚至枯萎，生长期需要一定的空气湿度，否则易焦叶，配植地点的选择比较关键。

夏蜡梅的植株、叶、花枝和花

## 美国蜡梅 · 又称美国夏蜡梅

美国蜡梅的植株和花

**学名** *Calycanthus floridus* L.

**科属** 蜡梅科、夏蜡梅属

**识别特征** 落叶灌木，株高可达 4 m。幼枝、叶两面和叶柄均密被短柔毛。单叶对生，卵形至椭圆形，基部楔形，先端渐尖，全缘。花单生叶腋，花叶同放，花被多数，椭圆状披针形，紫红色，有香味，花期 5—7 月。聚合瘦果，卵圆形至，长圆筒形，果期 9—10 月。

**生态习性** 喜光，稍耐阴。稍耐寒，喜温暖湿润气候，在长江流域可露地越冬。不耐干旱，忌积水，喜湿润、排水良好的土壤，不耐盐碱性土壤。生长较慢。

**园林用途** 花形美丽，花色紫红，点缀叶间，极为淡雅。原产于美国东南部，园林绿化中应用较少，可作花灌木点缀于庭院中，也可作盆栽观赏。

**应用要点** 美国蜡梅生长期应保持土壤湿润，但要注意防止积水烂根，影响植株生长。

## 铁线莲

**学名** *Clematis florida* Thunb.

**科属** 毛茛科、铁线莲属

**识别特征** 落叶或半常绿藤木，茎长可达 4 m。茎被短柔毛，节膨大。二回三出复叶对生，小叶片卵形至卵状披针形，顶端钝尖，基部圆形或阔楔形，全缘。花单生叶腋，无花瓣，花梗中部处有两枚苞片，萼片花瓣状，常 6 枚，白色，花期 5—6 月。

**生态习性** 喜光，稍耐阴。稍耐寒，喜温暖湿润气候，长江流域可露地越冬。不耐干旱，不耐水湿，喜肥沃、疏松、排水良好的微酸性至中性土壤。

**园林用途** 铁线莲株形优雅，叶形美观，花大色艳，花形独特，具有很高的观赏价值。园林中常用作墙垣、篱架、灯柱和栏杆等的绿化，也可用作盆栽观赏。

**应用要点** 本属为著名观赏植物，号称“藤本皇后”，种类较多，大量的品种已高度杂合，常统称铁线莲。铁线莲不耐移栽，栽培中应选择容器苗，否则伤根后很难恢复。铁线莲体态轻盈，适合小巧、精致的棚架配植，不适合厚重的花架配植。

铁线莲的植株、花、叶轴和叶

## 日本小檗・又称小檗

**学名** *Berberis thunbergii* DC.

**科属** 小檗科、小檗属

**识别特征** 落叶灌木，株高可达2 m。枝红褐色，刺不分叉。叶常簇生，倒卵形或匙形，先端钝，基部狭窄，全缘。伞形花序具短总梗，近簇生，花小，黄白色，花期4—5月。浆果椭球形，熟时亮红色，果期9月。

**生态习性** 喜光，稍耐阴。耐寒，喜凉爽湿润气候，华北地区普遍栽培。耐干旱，耐瘠薄，不耐水湿，对土壤要求不严，喜排水良好的微酸性至微碱性土壤。生长慢。萌蘖性强，耐修剪。

**园林用途** 枝叶细密，株形紧凑，果实累累，果色鲜艳，秋叶可变红。园林中常作篱植材料，可列植作绿篱，也可片植和金叶女贞、龙柏等配植成不同颜色的植物模块，还可修剪成各种绿雕造型。

**应用要点** 小檗的园艺品种较多，常用的有：紫叶小檗（*B. thunbergii* 'Atropurpurea'），叶紫红色；金叶小檗（*B. thunbergii* 'Aurea'），叶金黄色。小檗喜冷凉干燥环境，江南地区梅雨季节高温高湿，常常致病枯萎。

金叶小檗的植株、叶（上、中左）和紫叶小檗的植株、叶（下、中右）

## 木通

**学名** *Akebia quinata*（Houtt.）Decne

**科属** 木通科、木通属

**识别特征** 落叶藤木，茎长可达12 m。掌状复叶互生，小叶5枚，倒卵形或椭圆形，先端钝或微凹，基部楔形，全缘。总状花序腋生，雌雄同序，雌花生于下部、1～2朵，雄花生于上部、4～11朵，萼片3，紫色或黄白色，无花瓣，花期4月。聚合蓇葖果，熟时紫色，果期10月。

**生态习性** 喜半阴，不耐晒。稍耐寒，喜温暖湿润气候，产于中国长江流域、东南、华南各地，上海可露地越冬。不耐干旱，不耐水湿，喜深厚、湿润而排水良好的微酸性或中性土壤。

**园林用途** 木通叶形秀丽，果实美观，是垂直绿化的优良材料。园林中可用作花架、篱笆、墙垣绿化，还可点缀假山或老树桩。

**应用要点** 木通花期遇雨水天气常导致授粉失败，须采取人工授粉措施，以提高结实率。此外，花枝常出现于同一枝条，修剪时应予以保留。

木通的植株、叶、雌花和雄花

**学名** *Corylopsis sinensis* Hemsl.

**科属** 金缕梅科、蜡瓣花属

**识别特征** 落叶灌木，株高可达5 m。单叶互生，倒卵形或倒卵状椭圆形，先端钝尖，基部心形，不对称，叶缘具锐尖齿。总状花序腋生或顶生，下垂，总苞状鳞片卵圆形，外面被柔毛，内面有长丝毛，花瓣阔卵圆形，具爪，柠檬黄色，花期4月。蒴果，果期9—10月。

**生态习性** 喜光，稍耐阴。稍耐寒，喜温暖湿润环境，西安以南地区可露地越冬。不耐干旱，不耐水湿，喜肥沃、疏松、排水良好的酸性土壤。生长较慢。

**园林用途** 枝叶繁茂，株形紧凑，先花后叶，春日时节黄花满树，串串下垂，十分可爱，具芳香。园林中常点缀于庭院观赏，常孤植或丛植于花台、草地、林缘、路边，也可与假山、岩石等配植，还可盆栽或作切花。

**应用要点** 蜡瓣花喜排水良好酸性土壤，不耐盐碱性土壤，在偏碱性土壤中生长不良。蜡瓣花喜光照充足，但不耐暴晒，宜植于有侧方遮阴处。

## 牡丹 · 又称木芍药、洛阳花、富贵花

**学名** *Paeonia suffruticosa* Andr.

**科属** 芍药科、芍药属

**识别特征** 落叶灌木，株高可达2 m。二回三出复叶，顶生小叶宽卵形，常3～5裂，侧生小叶窄卵形或长圆状卵形，2～3浅裂或不裂。花单生枝顶，萼片5，花瓣单瓣至重瓣，倒卵形，顶端不规则波状，花色有白、粉、红、紫等颜色，花期4—5月。蓇果，果期6月。

**生态习性** 喜光，怕暴晒。耐寒，喜凉爽气候，能在北方地区露地越冬。耐干旱，忌积水，喜深厚、肥沃、排水良好的中性砂质壤土。生长较慢。

**园林用途** 牡丹为中国传统名花，品种繁多，花大色艳，花形丰富，有香味。牡丹可植于花台观赏，也可片植欣赏有壮观的效果，还可盆栽观赏或作牡丹专类园。牡丹种子含油率高、品质好，是新兴的木本油料植物。

**应用要点** 牡丹为肉质根，不耐水湿，尤忌积水，种植地点应选排水良好的高燥处。牡丹移栽以秋季移栽成活率最高。

牡丹的花和植株

## 猕猴桃 · 又称奇异果

猕猴桃的植株、花、果实（上、下左）和狗枣猕猴桃的植株（下右）

**学名** *Actinidia chinensis* Planch.

**科属** 猕猴桃科、猕猴桃属

**识别特征** 落叶藤木，茎长可达10 m。小枝幼时密生棕色柔毛。单叶互生，近圆形或倒宽卵形，先端圆或微凹，基部心形，缘有纤毛状细齿，背面密生绒毛。聚伞花序，花初开时白色，后橙黄，花期4—5月。浆果椭球形，密被棕黄色柔毛，果期10—11月。

**生态习性** 喜光，稍耐阴。稍耐寒，喜温暖湿润气候，长江流域广泛栽培。不耐干旱，不耐水湿，喜深厚、肥沃、排水良好的微酸性土壤。

**园林用途** 猕猴桃为著名水果，富含维生素，既可生食、酿酒，也可在园林中栽培观赏，枝叶茂密，叶大花香，是园林结合生产的优良材料，可用于花架、庭廊、护栏和墙垣等的垂直绿化。

**应用要点** 本属常用种类还有狗枣猕猴桃［*A. kolomikta*（Maxim. et Rupr.）Maxim.］，又称深山木天蓼，叶端急尖至短渐尖，基部心形至截形，边缘具锯齿，上部往往变为白色，后渐变为紫红色。猕猴桃为单性异株植物，作水果栽培时需要对雌、雄株进行合理配植。猕猴桃适应性强，作绿化栽培时可粗放管理。

## 金丝桃

**学名** *Hypericum monogynum* L.

**科属** 藤黄科、金丝桃属

**识别特征** 半常绿灌木，株高可达1 m。单叶互生，长圆形至倒披针形，先端钝尖，基部楔形，全缘，无叶柄。聚伞花序顶生，萼片5，花瓣5，雄蕊多数，合生成5束，较花瓣长，花柱联合，顶端5裂，花期5—6月。蒴果卵圆形，果期8—9月。

**生态习性** 喜光，稍耐阴。稍耐寒，喜温暖湿润气候，上海地区可露地越冬。稍耐干旱，不耐水湿，对土壤要求不严，喜微酸性至中性土壤。

**园林用途** 枝叶浓密，株形低矮，开花繁茂，初夏时节，黄花满枝，开花后，红果也可观赏。常作花灌木点缀各类园林绿地，可植于花坛、景石、假山、林缘、水边或草坪边缘，最适宜列植作花篱或片植林缘，观赏遍地黄花的壮观景象。

**应用要点** 同属常用的种类还有金丝梅（*H. patulum* Thunb.），与金丝桃易混淆。金丝梅花柱5枚，花丝合生成5束，短于花瓣。金丝桃和金丝梅适应性强，可粗放管理。

金丝梅的花（上）和金丝桃的叶、花、植株（中、下）

## 木槿

**学名** *Hibiscus syriacus* L.

**科属** 锦葵科、木槿属

**识别特征** 落叶灌木或小乔木，株高可达6 m。小枝幼时密被柔毛。单叶互生，叶菱状卵形，先端常3裂，叶缘具圆钝齿，基部楔形，背脉具毛。花单生枝端叶腋，花萼5裂，宿存，副萼较小；单瓣至重瓣，有红、白、紫等颜色，花丝合生成筒状，花期6—9月。蒴果卵圆形，果期9—11月。

木槿的植株、花枝、叶和花

**生态习性** 喜光，稍耐阴。耐寒，也耐热，喜温暖湿润气候，中国华北南部至华南广泛栽培。耐干旱、瘠薄，不耐水湿，对土壤要求不严，在微酸性至微碱性土壤中均能生长。萌蘖性强，耐修剪。

**园林用途** 木槿枝叶茂密，花大色艳，开花繁茂，花期极长，为著名观赏植物，是韩国国花。园林中常列植作花篱，也可孤植、丛植、群植于花坛、草坪或绿化带中，还可盆栽观赏。花可食用。

**应用要点** 木槿适应性强，能耐轻度盐碱，可按常规栽培。木槿开花繁茂，花蜜多，易滋生蚜虫，须加强防治。

## 木芙蓉·又称芙蓉花

**学名** *Hibiscus mutabilis* L.

**科属** 锦葵科、木槿属

**识别特征** 落叶灌木或小乔木，株高可达5 m。小枝、叶柄、叶背、花梗和花萼均密被毛。单叶互生，广卵形，常掌状5～7裂，叶缘具圆钝齿，基部心形，掌状脉。花单生枝端叶腋，花萼5裂，宿存，副萼较大；单瓣至重瓣，通常粉红色，后变深红色，花期9—10月。蒴果扁球形，果期11—12月。

**生态习性** 喜光，稍耐阴。稍耐寒，喜温暖湿润环境，上海地区可露地越冬。不耐干旱，不耐水湿，喜微酸性至中性土壤，不耐盐碱。生长快，萌蘖性强。

**园林用途** 木芙蓉开花繁茂，花大色艳，花色多变，为著名观赏花木，成都栽培最盛，号称"蓉城"。园林中常植于水岸，有"照水芙蓉"之说，也可植于道旁、草坪或绿化带中观赏。

**应用要点** 木芙蓉不耐寒，长江流域以北栽培，地上部分常受冻，地下部分能萌生新枝正常开花，栽培中宜选背风向阳的小环境。

木芙蓉的植株、叶、花芽和花

## 蓝莓 · 又称越橘

**学名** *Vaccinium spp.*

**科属** 杜鹃花科、越橘属

**识别特征** 常绿或落叶灌木，株高可达 1 ~ 2 m。单叶互生，卵形至椭圆形，全缘。花单生或总状花序，花冠坛状、钟状或筒状，花萼蓝绿色，花冠白色，浅裂，花期 4—5 月。浆果扁球形，熟时黑色，具白粉，果期 7—9 月。

**生态习性** 喜光，稍耐阴。耐寒，喜凉爽湿润气候，也有耐热品种，从东北到长江流域皆可栽培。不耐干旱，不耐水湿，喜肥沃、湿润、排水良好的微酸性土壤。

**园林用途** 树姿优美，花形奇特，结实繁密。为著名保健水果，常作果树栽培，是园林结合生产的优良树种，可植于庭院观赏，也可盆栽。

**应用要点** 蓝莓一般作果树栽培，根据其对低温的需要，常分为南高丛和北高丛品种群，北方地区宜选择北高丛品种，南方地区宜选择南高丛品种。蓝莓喜排水良好、酸性土壤，在偏碱性土壤中生长不良。

蓝莓品种植株、叶、花和果实

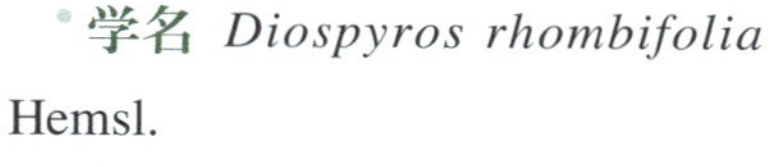

## 老鸦柿 · 又称山柿子、野山柿、野柿子

**学名** *Diospyros rhombifolia* Hemsl.

**科属** 柿科、柿属

**识别特征** 落叶灌木，株高可达4 m。枝有刺。单叶互生，纸质，菱形至倒卵形，先端钝，基部楔形，全缘，叶柄短，有微柔毛。花单性，单生叶腋，萼片椭圆形或披针形，宿存，花冠壶形，花期4—5月。浆果卵球形，有小尖头，橙红色，果期9—10月。

**生态习性** 喜光，稍耐阴。稍耐寒，喜温暖湿润气候，上海地区可露地越冬。稍耐干旱，耐瘠薄，不耐水湿，对土壤要求不严，酸性至微碱性土壤中都能生长。萌蘖性强，耐修剪。生长慢。

老鸦柿的植株、叶、果枝和果实

**园林用途** 枝叶细密，株形低矮，果形美观，果色鲜艳，秋季红果满树，是著名的观果树种。园林中可植于庭院观赏，也可作盆景材料。

**应用要点** 老鸦柿的株形比较散乱，栽培中要经常进行修剪整形，及时去除徒长枝条，促发短枝，使株形紧凑。

## 美秀溲疏 · 又称粉花美秀溲疏

**学名** *Deutzia* × *elegantissima* Rehder

**科属** 绣球花科、溲疏属

**识别特征** 落叶灌木，株高可达1～1.2 m。小枝红褐色，疏生星状毛。单叶对生，纸质卵形至卵圆披针形，先端急尖，基部近圆形，边缘具细锯齿。聚伞花序，花萼、花瓣各5，粉红色，先端圆形，颜色较基部深，花期5—6月。

**生态习性** 喜光，稍耐阴。稍耐寒，喜温暖湿润气候，长江流域可露地越冬。不耐涝，忌低洼积水，对土壤要求不严，以排水良好的微酸性至中性土壤为宜。萌芽力强，耐修剪。

**园林用途** 植株低矮，株形优雅，开花繁茂，花色艳丽。适合孤植或丛植点缀于花台、草坪、路边、山坡、林缘、水边观赏，亦可片植作为地被或列植作花篱，还可盆栽观赏。

**应用要点** 适应性强，可按常规养护标准管理。萌芽力强，开花后剪去弱枝，适当短截，利于保持良好的株形和繁茂开花。

美秀溲疏的植株和花

## 钟花溲疏

**学名** *Deutzia rosea* 'Campanulata'

**科属** 绣球花科、溲疏属

**识别特征** 落叶灌木，株高可达 1.2 m。单叶对生，卵形至卵状椭圆形，先端渐尖或急渐尖，基部圆，边缘具贴生尖锯齿，两面被毛。圆锥花序，多花，钟形，花瓣狭椭圆形，白色，花期 4—5 月。

**生态习性** 喜光，稍耐阴。稍耐寒，喜温暖湿润气候，在长江流域可露地越冬。不耐水湿，对土壤要求不严，在微酸性至微碱性土壤中均能生长。萌芽力强，耐修剪。

**园林用途** 植株紧凑，开花繁茂，花色洁白，繁密素雅。可点缀于各类园林中，常植于花坛、林缘、山坡或路边，也可片植作地被。

**应用要点** 适应性强，可按常规养护标准管理。花后剪除弱枝，适当短截，利于保持良好的株形。

钟花溲疏的植株、叶、花序和花

## 小花溲疏

**学名** *Deutzia gracilis* Sieb. et Zucc.

**科属** 绣球花科、溲疏属

**识别特征** 落叶灌木，株高可达 1.5 m。单叶对生，披针形至长椭圆状披针形，先端长渐尖，边缘具细尖锯齿，表面具毛，背面无毛。圆锥花序，萼片较萼筒端，花瓣狭椭圆形，白色，花期 4—5 月。

**生态习性** 喜光、稍耐阴。稍耐寒，喜温暖湿润气候，在长江流域可露地越冬。不耐涝，对土壤要求不高，能够在酸性至微碱性土壤中生长，喜肥沃、排水良好的土壤。性强健，耐修剪，萌芽力强。

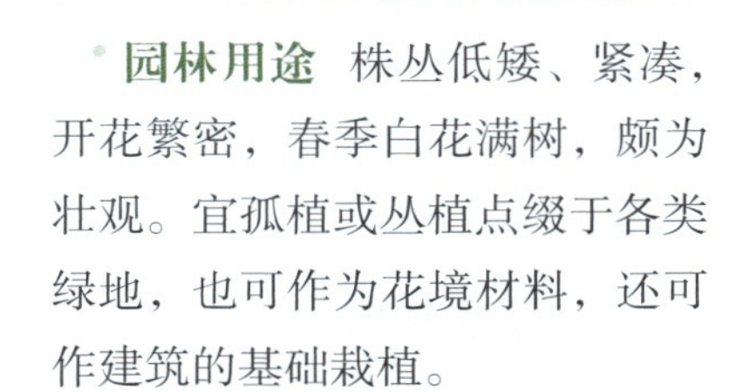

冰生溲疏的植株、花序和花

**园林用途** 株丛低矮、紧凑，开花繁密，春季白花满树，颇为壮观。宜孤植或丛植点缀于各类绿地，也可作为花境材料，还可作建筑的基础栽植。

**应用要点** 本种原产于日本，中国常用的为园艺品种冰生溲疏（*D. gracilis* 'Nikko'），株丛十分低矮，株高仅 30 ~ 40 cm，开花极为繁茂，盛开时白花覆盖叶面。适应性极强，开花后按常规养护标准栽培。

## 齿叶溲疏 · 又称溲疏、圆齿溲疏

**学名** *Deutzia crenata* Sieb. et Zucc.

**科属** 绣球花科、溲疏属

**识别特征** 落叶灌木，株高可达 3 m。树皮薄皮片状脱落。单叶对生，长卵状椭圆形，先端渐尖至微尖，基部楔形至近圆形，边缘具圆锯齿，两面均被毛。圆锥花序，花瓣多数，狭椭圆形，被星状毛，白色，花丝先端 2 短齿。蒴果半球形。花期 4—5 月，果期 9—10 月。

**生态习性** 喜光，稍耐阴。耐寒，喜温暖湿润气候，华北地区可露地越冬。耐干旱，忌低洼积水，对土壤要求不严。

**园林用途** 齿叶溲疏开花繁密，初夏时节白花满树，绿叶白花非常素雅。可点缀于各类园林观赏，尤其适合配植于林缘、山坡、道旁或光照良好的疏林下。

**应用要点** 齿叶溲疏具有较强的耐阴性，可作高大乔木的下木配植。栽培中应避免土壤积水，以防止烂根。

齿叶溲疏的植株、叶和花

## 山梅花

**学名** *Philadelphus incanus* Koehne

**科属** 虎耳草科、山梅花属

**识别特征** 落叶灌木，株高可达3 m。幼枝、叶和花萼被毛。单叶对生，卵形或椭圆形，先端尖，基部圆形，全缘，两面被毛，叶脉离基3～5出。总状花序顶生，下部分枝有时具叶，花萼、花瓣各4，花萼绿色，花瓣白色，花期5—6月。蒴果4瓣裂，果期8—9月。

**生态习性** 喜光，稍耐阴。耐寒，原产于甘肃、陕西，南北各地广泛栽培。耐干旱，不耐水湿，对土壤要求不严，微酸性至中性土壤中均能生长。

**园林用途** 株形紧密，开花繁茂，盛开时白花满树，颇为素净。常点缀于庭院观赏，最适宜配植于墙角、道旁、林缘，与假山、景石配植也很合宜。

**应用要点** 山梅花喜光，耐阴性也颇强，可作下木配植。耐干旱，不耐水湿，江南地区梅雨季节叶片易患病，应及早防治。

山梅花的植株、叶、花芽和花

## 八仙花·又称绣球、绣球花、阴绣球、紫阳花

**学名** *Hydrangea macrophylla* (Thunb.) Ser.

**科属** 绣球花科、绣球属

**识别特征** 落叶灌木，株高可达3～4 m。小枝粗壮，皮孔明显。单叶对生，倒卵形至椭圆形，先端骤尖，具短尖头，基部楔形，边缘具粗齿，两面无毛。伞房状聚伞花序顶生，近球形，小花密集，几乎全为不孕花，花瓣状萼片4，有白、粉、红、蓝等颜色，花期5—6月。

**生态习性** 喜半阴，不耐晒。稍耐寒，喜温暖湿润环境，中国长江流域至华南广泛栽培。不耐干旱，也不耐水湿，喜深厚肥沃、湿润而排水良好的微酸性土壤。生长快。

**园林用途** 花大色艳，花形如球，十分美观。广泛应用于各类园林绿地中，最适宜孤植或丛植点缀于林缘、林荫道旁或光线充足、有散射光的林下，也可作盆栽观赏。

**应用要点** 八仙花喜半阴，忌暴晒，但过阴也会生长不良。八仙花需水量大，但不耐水湿，栽培中应保持土壤湿润，同时又要保证排水良好。八仙花在二年生枝条上开花，冬季不宜强剪，否则不开花。

八仙花的植株、叶、花序和花

## 圆锥八仙花·又称圆锥绣球、水亚木

**学名** *Hydrangea paniculata* Sieb.

**科属** 绣球花科、绣球属

**识别特征** 落叶灌木或小乔木，株高可达6～10 m。单叶对生，有时3叶轮生，椭圆形或卵状椭圆形，先端渐尖，基部宽楔形或圆形，边缘具内曲细锯齿，背脉具毛。圆锥花序顶生，花二型，可育花小，白色，不育花大，仅具4枚萼片，白色。花期6—7月。

**生态习性** 喜半阴，不耐晒。稍耐寒，喜温暖湿润气候，中国长江以南地区广泛栽培。不耐干旱，也不耐湿，喜疏松、湿润、肥沃的砂质壤土，生长较快。

**园林用途** 花序硕大，花期持久，花色常由白转粉红。广泛应用于各类园林绿地中，既可露地孤植、丛植点缀于路边、林缘，也可盆栽观赏。

**应用要点** 圆锥八仙花栽培管理要求与八仙花相似，花期较八仙花稍晚，可以和八仙花的品种进行配置，以延长花期。

圆锥八仙花的叶、花

## 栎叶绣球 · 又称圆锥绣球、水亚木

栎叶绣球的植株、叶和花

**学名** *Hydrangea quercifolia* W. Bartram

**科属** 绣球花科、绣球属

**识别特征** 落叶灌木，株高可达 3 m。单叶对生，掌状深裂，基部圆形或微心形，裂片具锯齿，叶柄、叶片被毛。大型圆锥花序顶生，花二型，可育花小，白色，不育花大，萼片花瓣状，初开白色，后加深，具粉红晕。花期 6—7 月。

**生态习性** 喜半阴，不耐晒。稍耐寒，喜温暖湿润气候，原产于美国东南部，中国上海地区有引种栽培。不耐干旱，也不耐湿，喜肥沃、湿润排水良好土壤。生长较快。

**园林用途** 花大、叶大，花序挺立，花期持久，花色变化，秋叶可转红色。可植于花坛、墙角、林缘或光线充足的林下观赏。

**应用要点** 栎叶绣球栽培管理的要求与八仙花相似，花期较八仙花晚。

## 粉花绣线菊 · 又称火烧尖、蚂蟥梢、日本绣线菊

**学名** *Spiraea japonica* L. f.

**科属** 蔷薇科、绣线菊属

**识别特征** 落叶灌木，株高可达 1.5 m。单叶互生，卵形至长卵形，先端急尖或短渐尖，基部楔形，具缺刻状重锯齿或单锯齿，下面灰白色，沿叶脉有柔毛。复伞房花序生于当年生枝顶端，小花密集，密被短柔毛，花瓣卵形至圆形，粉红色至深红色，花期 6—7 月。蓇葖果，果期 8—9 月。

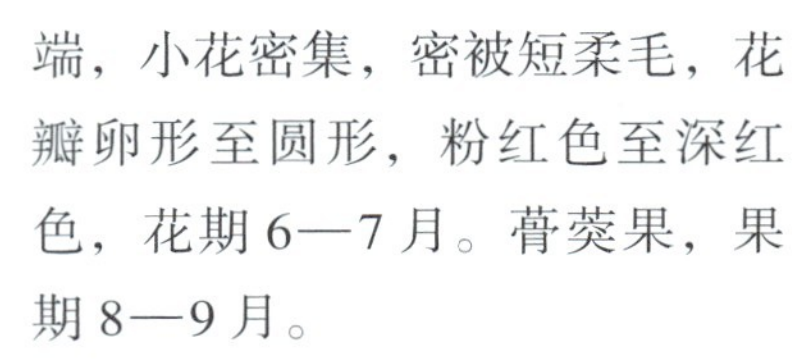

**生态习性** 喜光，稍耐阴。耐寒，喜温暖湿润气候，中国南北各地广泛栽培。不耐涝，稍耐干旱。对土壤要求不严，喜湿润、肥沃、排水良好土壤。

**园林用途** 植株低矮，株形紧凑，开花繁茂，花色鲜艳。可孤植点缀于花坛、花境、道旁和墙角，也可片植于草坪及园路两侧，配置成花篱。

**应用要点** 原产于日本和朝鲜半岛，中国华东地区有引种栽培。初夏开花，可以弥补此时园林绿地少花的不足。还具有病虫害少、管理方便及容易繁殖等优点。

粉花绣线菊的植株和花序

## 金焰绣线菊

金山绣线菊的植株、花（上）和金焰绣线菊的植株、新叶（下）



**学名** *Spiraea × bumalda* 'Gold Flame'

**科属** 蔷薇科、绣线菊属

**识别特征** 落叶灌木，株高可达 60 cm。单叶互生，卵形至椭圆形，先端渐尖，基部宽楔形，边缘具尖锐重锯齿，羽状脉，春季新叶红色，有红有绿，夏季变绿，秋叶变紫红色。伞房状圆锥花序，花红色或粉红色，花期 5 月。

**生态习性** 喜光，稍耐阴。耐寒，喜温暖潮湿气候，中国南北各地广泛种植，在华北地区可露地越冬。耐干旱，耐瘠薄，对土壤适应性强，能在微酸性至微碱性土壤中生长。

**园林用途** 叶色鲜艳，春叶黄、红相应，富有层次，秋叶变紫红色，开花繁茂，花期长，极富观赏价值，是广泛应用的彩叶灌木。可广泛应用于各类绿地中，既可孤植点缀，也可片植作模块或彩叶篱，还可单株修剪成球形。

**应用要点** 相近品种还有金山绣线菊（*Spiraea × bumalda* 'Gold Mound'），新叶金黄色，老叶黄绿色，富有光泽，花粉红色。

金山绣线菊和金焰绣线菊适应性强，病虫害少，栽培中按常规管理即可。设计中宜配植于光照充足、通风良好处，可使其叶色鲜艳，少生病虫害。

## 菱叶绣线菊 · 又称范式绣线菊

**学名** *Spiraea × vanhouttei* (Briot) Carriere

**科属** 蔷薇科、绣线菊属

**识别特征** 落叶灌木，株高可达 2 m。单叶互生，叶片菱状卵形，两面无毛，先端圆钝，基部楔形，常 3 ~ 5 浅裂，上面暗绿色，下面浅蓝灰色。伞形花序，有细长总梗，花瓣近圆形，先端钝或微凹，白色，花期 5—6 月。蓇葖果，果期 9—10 月。

**生态习性** 喜光，稍耐阴。耐寒，喜温暖湿润气候，在华北地区可露地越冬。适应性强，耐干旱和贫瘠，在湿润肥沃土壤中生长旺盛。分蘖能力强，繁殖容易。

**园林用途** 枝条披散，花小而密，集生成圆整花序，盛开时铺满叶面，花色纯白，十分素雅。最适宜孤植或丛植于山坡、水岸、湖旁、石边、草坪角隅或建筑物前后，起到点缀或映衬作用。

**应用要点** 菱叶绣线菊栽植应选择阳光充足、排水良好的砂质壤土，移植宜在早春萌芽前进行。移植成活后，可按常规管理，每年秋末冬初施足基肥，入冬前浇封冻水，春季及时浇足返青水。

菱叶绣线菊的植株和叶



## 麻叶绣线菊 · 又称麻叶绣球、绣线菊

**学名** *Spiraea cantoniensis* Lour.

**科属** 蔷薇科、绣线菊属

**识别特征** 落叶灌木，株高可达 1.5 m。单叶互生，菱状长圆形至菱状披针形，先端尖，基部楔形，近中部以上具缺刻状锯齿，上面深绿，下面灰蓝，两面无毛。伞房花序，花瓣近圆形，先端微凹或圆钝，白色，雄蕊稍短于花瓣或几与花瓣等长，花期 4—5 月。蓇葖果，果期 7—9 月。

**生态习性** 喜光，稍耐阴。耐寒，也耐热，中国华北至长江流域广泛栽培。耐干旱，对土壤要求不严，在疏松、肥沃、排水良好的湿润土壤中生长最好。分蘖力强，耐修剪。

**园林用途** 枝条细长披散，开花繁茂，盛开时铺满叶面。可孤植或成片丛植于草坪、路边、池畔等，也可列植为花篱。

**应用要点** 适应性强，生长旺盛，宜植于光照充足处，可开花繁茂，直立性强，可适当修剪以促发侧枝，使株形紧凑。

麻叶绣线菊的植株、叶和花序

## 珍珠绣线菊 · 又称喷雪花、珍珠花

珍珠绣线菊的植株、叶和花

**学名** *Spiraea thunbergii* Sieb. ex Blume.

**科属** 蔷薇科、绣线菊属

**识别特征** 落叶灌木，株高可达 1.5 m。小枝有棱角，幼时被短柔毛。单叶互生，线状披针形，先端尖，基部楔形，中部以上有尖锐细锯齿，两面无毛。伞形花序，花瓣倒卵形或近圆形，白色，雄蕊短于花瓣，花期 3—4 月。蓇葖果，果期 7—9 月。

**生态习性** 喜光，稍耐阴。耐寒，也耐热，东北南部、华北至长江流域广泛栽培。稍耐干旱，对土壤要求不严，喜湿润、排水良好的土壤。

**园林用途** 枝条纤细，拱形开展，花小而白，盛开时如串串珍珠。可孤植或丛植点缀于园林绿地中，最适宜列植于道路两侧，形成鲜花夹道的效果。

**应用要点** 枝条纤细，拱形下垂，开花时形成柔美线形花枝是其特色，萌芽力稍弱，不宜进行强剪。

## 榆叶梅 · 又称小桃红

**学名** *Prunus triloba* (Lindl.) Ricker

**科属** 蔷薇科、李属

**识别特征** 落叶灌木，株高可达 3 m。冬芽常 3 枚并生。单叶互生，先端渐尖，基部楔形，叶缘具重锯齿，常 3 裂，下面被柔毛。花单生，先叶开放，花萼、花瓣均为 5，花瓣近圆形，粉红色，花期 3—4 月。核果近球形，被短柔毛，熟时红色，果期 5—7 月。

**生态习性** 喜光，稍耐阴。耐寒，也耐热，从东北到长江流域均有栽培，华北地区主栽。耐干旱，不耐水涝。对土壤要求不严，中性至微碱性土壤中均能生长。

**园林用途** 叶似榆树，花像梅花，先花后叶，花大色艳，十分壮观，是北方地区春季重要的花灌木。广泛应用于各类绿地和庭院中，可孤植点缀，也可群植配植成单一的花灌木树丛，还可与其他植物搭配，也常作盆栽观赏。

**应用要点** 榆叶梅原产于中国北方，是北方地区春季最重要的花灌木，喜冷凉干燥气候，南方地区夏季高温，易患白粉病、煤污病。

榆叶梅的开花植株和叶

## 郁李 · 又称秧李、爵梅

**学名** *Prunus japonica* (Thunb.) Lois.

**科属** 蔷薇科、李属

**识别特征** 落叶灌木，株高可达 2 m。冬芽常 3 枚并生。单叶互生，叶卵形或卵状长椭圆形，最阔处位于中下部，先端渐尖或急尖，基部楔形，有尖锐重锯齿。花 1 ~ 3 朵簇生，先叶开放或花叶同放，萼片有细齿，花瓣倒卵状椭圆形，白色或粉红色，花期 3—4 月。核果近球形，熟时深红色，果期 6 月。

**生态习性** 喜光，稍耐阴。耐寒，也耐热，喜温暖湿润气候，中国南北各地广泛栽培。适应性强，耐干旱、耐贫瘠，也耐水湿，对土壤要求不严，微酸性至石灰性土壤中均能生长。萌蘖力强。

**园林用途** 花期早，常常先花后叶，开花十分繁茂，花后果实累累，可观花、观果。花比较小，适合丛植或群植，可植于庭院、山坡、台阶旁、林缘和草坪上，亦可列植于道路两侧作花篱。果实可食用。

**应用要点** 郁李广泛应用于中国东北、华北、华东地区，适应性强，可按常规栽培养护。郁李园艺品种多，花色、花形变化差异较大，可根据设计需要选择适宜的花色。

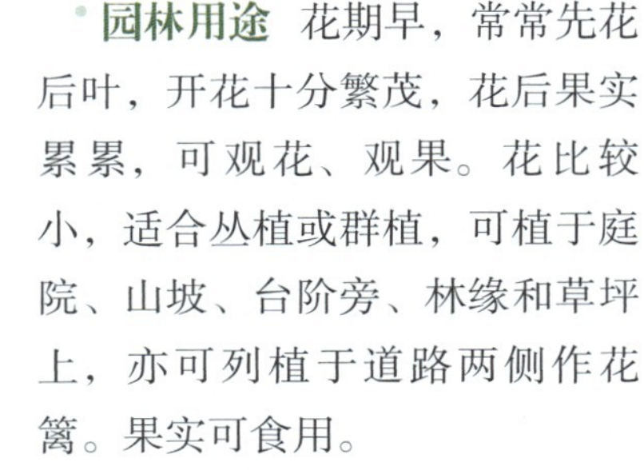

郁李的开花植株、叶、花和果实

## 垂丝海棠 · 又称垂枝海棠、海棠

**学名** *Malus halliana* Koehne

**科属** 蔷薇科、苹果属

**识别特征** 落叶灌木或小乔木，株高可达 5 m。单叶互生，椭圆形至长椭圆形，先端渐尖，边缘有刁钝锯齿。伞形花序顶生于小枝，有花 4 ~ 6 朵，花梗细弱下垂，被丝托和花萼均无毛，萼片 5，花瓣 5 或半重瓣，粉紫色，花期 3—4 月。梨果球形，果期 9—10 月。

**生态习性** 喜光，不耐阴。耐寒，喜温暖湿润气候，主产于长江流域，北京小气候良好环境可露地越冬。不耐干旱，不耐水湿，喜湿润、排水良好的微酸性至中性土壤。生长较慢。

**园林用途** 开花繁茂，花色艳丽，是春季重要的观赏花木。广泛用于各类园林绿地中，可植于建筑入口两侧，也可配植于花坛、亭榭、水边和草地等。

**应用要点** 垂丝海棠须根较少，不耐移植，大苗移植须带大土球，否则影响成活。此外，垂丝海棠既不耐干旱，也不耐涝，对土壤湿度要求较高。

观赏海棠的品种非常丰富，常用的种类还有：湖北海棠［*M. hupehensis*（Pamp.）Rehd.］，为落叶乔木，株高可达 8 m，花白色至粉白色；北美海棠（*M. spp.*），品种繁多，多为单瓣，开花繁茂，可观花、观果；海棠花［*M. spectabilis*（Ait.）Borkh.］，枝干直立性较强，花单瓣至半重瓣，白色至粉红。

垂丝海棠（上）、湖北海棠（中）和海棠花（下）的叶、花、果实

## 贴梗海棠·又称铁脚梨、贴梗木瓜、皱皮木瓜

**学名** *Chaenomeles speciosaè* (Sweet) Nakai

**科属** 蔷薇科、木瓜属

**识别特征** 落叶灌木，株高可达2 m。枝条直立，具短枝刺。单叶互生，叶片卵形，缘有尖锯齿，托叶大，肾形或半圆形，背面无毛。花单生或数朵簇生于二年生枝条上，花梗极短，贴枝而生，花先叶或与叶同放，有白、粉、朱红等花色，花期3—5月。梨果卵形或球形，熟时黄色，果期9—10月。

**生态习性** 喜光，稍耐阴。耐寒，北京小气候良好处可以露地越冬。不耐水涝，耐干旱、耐贫瘠。对土壤要求不严，喜深厚、肥沃、排水良好的土壤。

**园林用途** 植株低矮，枝条密集，开花繁密，是春季重要的观赏花木。可孤植于花台、路边、窗前点缀庭院，也可片植于绿地或道路两侧作花篱，还可盆栽观赏。

**应用要点** 贴梗海棠适应性强，南北各地均有栽植。其开花以短枝为主，春季萌发前需要将长枝适当修剪成半球形，以刺激多萌发新梢，使其开花繁茂。

贴梗海棠的植株、叶、花萼和花瓣

## 月季花 · 又称月季

月季花品种的植株、花、叶和叶柄

**学名** *Rosa chinensis* Jacq.

**科属** 蔷薇科、蔷薇属

**识别特征** 落叶或半常绿灌木，株高可达2 m。枝常具钩状皮刺。奇数羽状复叶互生，小叶3～5枚，卵状椭圆形，缘有锯齿，托叶大部与叶柄合生，边缘有腺齿。花常数朵簇生枝端，罕单生，萼片卵形，先端尾尖，花瓣半重瓣至重瓣，有粉、红、紫等颜色，花期4—10月。蔷薇果球形至卵形，果期9—11月。

**生态习性** 喜光，稍耐阴。耐寒，喜温暖湿润气候，北京小气候良好处可露地越冬。不耐干旱，不耐水湿，喜肥沃、排水良好的微酸性土壤。

**园林用途** 月季为中国传统名花，花大色艳，花形优美，花期极长。园林中常孤植或群植于花坛观赏，也可片植于道路绿化带或草坪中，同时也是重要的盆花和切花。

**应用要点** 月季喜光，但忌强光暴晒，夏季宜适当遮阴。南方地区湿度大，易患黑斑病和白粉病，宜尽早防治。当前园林中所用月季多为现代月季（*R. hybrida* E. H. L. Krause），为月季花和同属其他种类的杂交品种，花色、花形极为丰富。

## 玫瑰

**学名** *Rosa rugosa* Thunb.

**科属** 蔷薇科、蔷薇属

**识别特征** 落叶灌木，株高可达2 m。枝密生皮刺、刚毛和绒毛。奇数羽状复叶互生，小叶5～9枚，椭圆形，叶缘具锯齿，上面网脉凹下，褶皱而具光泽。花单生或数朵生，重瓣，紫红色，花期4—5月。蔷薇果扁球形，果期9—10月。

**生态习性** 喜光，不耐阴。耐寒，喜凉爽气候，原产于华北，现南北各地广泛栽培。耐干旱，不耐水湿，对土壤要求不严，喜微酸性到中性土壤，在微碱性土壤中也能生长。

**园林用途** 玫瑰为中国传统名花，花大色艳，有香味，果实也可观赏。玫瑰常植于花坛观赏，也可用作花境材料，还可作花篱或片植观赏。花可提取香精加工食品。

**应用要点** 玫瑰耐干旱能力强，但不耐积水，种植地点宜选高燥处。南方地区空气湿度大，易患白粉病，应及早防治。

玫瑰的植株、花、叶和枝

## 木香·又称木香花

**学名** *Rosa banksiae* Ait.

**科属** 蔷薇科、蔷薇属

**识别特征** 半常绿攀缘灌木，高可达6 m。枝光滑少刺。奇数羽状复叶互生，小叶3～5枚，卵状椭圆形至披针形，先端钝尖，叶缘具细锯齿，托叶线形，与叶柄离生。伞形花序，单瓣或重瓣，白色或黄色，花期5—6月。蔷薇果近球形，果期9—10月。

**生态习性** 喜光，稍耐阴。稍耐寒，喜温暖湿润气候，北京须植于小气候良好处。不耐干旱，不耐水湿，对土壤要求不严，喜微酸性到微碱性土壤。生长较快。

**园林用途** 木香为中国传统名花，开花繁茂，有芳香，常用作棚架绿化的材料，也可栽培作花篱。

**应用要点** 常用的变种或品种有：单瓣白木香（*R. banksiae* var. *normalis* Regel），花白色、单瓣，有芳香；重瓣黄木香（*R. banksiae* 'Lutea'），花黄色、重瓣，香气较淡；重瓣白木香（*R. banksiae* 'Albo-plena'），花白色、重瓣，香气最浓；单瓣黄木香（*R. banksiae* 'Lutescens'），花黄色、单瓣，香气最淡，几乎无香。

重瓣白木香的植株、花、叶、托叶（上）和重瓣黄木香的花株、花（下）

## 野蔷薇 · 又称蔷薇、多花蔷薇

**学名** *Rosa multiflora* Thunb.

**科属** 蔷薇科、蔷薇属

**识别特征** 落叶灌木，高可达3 m。奇数羽状复叶互生，小叶5～9，倒卵状椭圆形，具尖锐锯齿，托叶篦齿状，与叶柄合生，边缘具腺毛。圆锥状伞房花序，单瓣，宽倒卵形，先端微凹，花期5—6月。蔷薇果近球形，熟时红褐色，果期9—10月。

野蔷薇的植株、花、叶和托叶

**生态习性** 喜光，稍耐阴。耐寒，喜温暖湿润气候，中国南北各地广泛栽培。耐干旱，也耐水湿，对土壤要求不严、微酸性到微碱性或黏重土壤也能生长。生长较快。

**园林用途** 野蔷薇适应性强，长势旺盛，开花繁茂。最适宜作花篱栽培，或者配植于坡地、林缘、堤岸边，也可与假山或山石配植，尽显刚柔对比之趣。

**应用要点** 园林绿化中常用的有粉花重瓣、白花重瓣等品种。野蔷薇存活性强健，栽培中可按常规管理。

## 缫丝花 · 又称刺梨

**学名** *Rosa roxburghii* Tratt.

**科属** 蔷薇科、蔷薇属

**识别特征** 落叶灌木，高可达2 m。奇数羽状复叶互生，小叶9～15，椭圆形至长圆形，先端急尖或钝，具尖锐锯齿，基部楔形，托叶大部分与叶柄合生。花单生或2～3朵聚生枝端，重瓣，粉紫色，花托、花柄密生针刺，花期5—7月。蔷薇果扁球形，黄绿色，果期8—10月。

缫丝花的开花植株、叶、花蕾和花

**生态习性** 喜光，稍耐阴。稍耐寒，喜温暖湿润气候，上海地区可露地越冬。稍耐干旱，不耐水湿，喜微酸性到中性土壤，不耐盐碱性土壤。

**园林用途** 缫丝花枝叶细密，花大色艳，花形美观，果实也可观赏。园林中常栽培作刺篱，也可孤植或丛植观赏。果实富含维生素，可用作食品原料。

**应用要点** 缫丝花是园林结合生产的优良材料，作果用栽培时，宜选用单瓣的品种。

## 紫荆 · 又称满条红

**学名** *Cercis chinensis* Bunge

**科属** 豆科、紫荆属

**识别特征** 落叶灌木，株高可达5 m。单叶对生，圆形或心形，先端极尖，全缘，叶缘有增厚的透明边，两面无毛，掌状脉。假蝶形花冠，簇生于老枝或主干上，紫红色或粉红色，花期3—4月，叶前开放。荚果，果期9—10月。

**生态习性** 喜光，稍耐阴。耐寒，喜温暖湿润环境，北京地区背风向阳处可种植。耐干旱，耐瘠薄，不耐水湿，对土壤要求不严，微酸性至中性土壤中均能生长。萌蘖性强，耐修剪。

**园林用途** 丛生性强，开花繁茂，花色明艳，常老茎生花，颇为奇特，为中国著名传统花木。常点缀于庭院观赏，可配植于花台、墙角、道旁，与山石、建筑小品相配也可以。

**应用要点** 本属常用的种类还有：加拿大紫荆（*C. canadensis* L.），干性较强，为小乔木，叶缘无透明边；紫叶加拿大紫荆（*C. canadensis* ‘ForestPansy’），新叶紫红色，老叶暗绿色。紫荆易招天牛危害，加拿大紫荆所受的危害最为严重，必须加强防治。

紫荆的开花植株、叶（上）和紫叶加拿大紫荆的植株、花枝（下）

## 紫藤 · 又称藤萝、白花紫藤

**学名** *Wisteria sinensis* ( Sims ) DC.

**科属** 豆科、紫藤属

**识别特征** 落叶藤木，长可达 20 m。茎枝左悬形。奇数羽状复叶互生，小叶 7 ~ 13，小叶卵状椭圆形或卵状披针形，先端渐尖或尾尖，基部钝圆或楔形，全缘。总状花序下垂，花冠蝶形，旗瓣大而反卷，蓝紫色，花期 4 月。荚果长条形，表面密生黄色柔毛，果期 5—8 月。

**生态习性** 喜光，稍耐阴。耐寒，喜温暖湿润气候，北京地区应选背风向阳处种植。耐干旱，耐瘠薄，稍耐水湿，喜深厚、肥沃的微酸性至中性土壤。萌蘖性强，耐修剪。

**园林用途** 先叶开花，花团锦簇，十分壮观，花后枝繁叶茂，庇荫效果极佳，为中国传统著名观赏花木。常用于棚架绿化，也可与假山或景石配植，还可整形作乔木状栽培。

**应用要点** 本属常用的种类还有多花紫藤 [ *W. floribunda* ( Willd. ) DC. ]，又称日本紫藤，茎为右旋性，小叶 13 ~ 19 枚，花序较长。为促使紫藤开花繁茂，须进行适当修剪，否则叶茂花疏、花枝较短。

紫藤的花株、叶（上）和多花紫藤的花株、叶（下）

## 春云实

· **学名** *Caesalpinia vernalis* Champ.

· **科属** 豆科、云实属

· **识别特征** 常绿藤木，长可达4 m。各部被锈色绒毛。二回羽状复叶互生，叶轴有刺，羽片8～16对，小叶6～10对，小叶对生，革质，卵形至椭圆形，先端急尖，基部圆形，全缘。圆锥花序顶生或枝端叶腋，花瓣黄色，有红色斑纹，花期4月。荚果长圆形，果期12月。

· **生态习性** 喜半阴，不耐晒。稍耐寒，喜温暖湿润气候，上海地区可露地越冬。耐干旱，耐瘠薄，不耐水湿，喜深厚、肥沃的微酸性至中性土壤。萌蘖性强，耐修剪。

· **园林用途** 叶片巨大，小叶排列整齐，叶色常绿，花色明艳，极富观赏性。园林中常作耐阴地被，配植于林下，也可丛植与景石配植。

· **应用要点** 春云实耐寒性不强，应配植于林下背风处，枝、叶多钩刺，不宜配置于人流活动较多处。

春云实的植株和叶

## 红瑞木

· **学名** *Cornus alba* L.

· **科属** 山茱萸科、梾木属

· **识别特征** 落叶灌木，株高可达3 m。树皮紫红色。单叶对生，椭圆形或卵圆形，先端微状渐尖，基部圆形或广楔形，全缘，叶背粉白色。伞房状聚伞花序顶生，无总苞片，花萼裂片4，尖三角形，花瓣4，卵状椭圆形，白色，花期5—6月。蒴果卵圆形，果期8—10月。

· **生态习性** 喜光，稍耐阴。耐寒，中国南北各地广泛栽培。耐干旱，也稍耐水湿，对土壤要求不严，微酸性至中性土壤中均能生长。

· **园林用途** 株丛矮密，白花绿叶颇素雅，枝干红色，为著名观干树种，秋叶变红，也可观赏。常配植于各类园林绿地中观赏，可孤植于墙脚、林缘、草坪前，也可与假山、景石配植，最好有深绿色背景植物。枝条可作切枝材料。

· **应用要点** 红瑞木为重要观干树种，天气愈冷树皮愈红，长江流域冬季气温不够冷，树皮不如北方红艳。

红瑞木的植株、秆、花和叶

## 卫矛 · 又称鬼箭羽

**学名** *Euonymus alatus*（Thunb.）Sieb.

**科属** 卫矛科、卫矛属

**识别特征** 落叶灌木，株高可达3 m。小枝具2～4条木栓翅。单叶对生，椭圆形或倒卵圆形，先端渐尖，边缘具细锯齿，基部楔形。聚伞花序2～3次分枝，每分枝常2～3花，花部4数，白绿色，雄蕊生于肉质花盘边缘，花期7月。蒴果4裂，粉红色，假种皮橘红色，果期9—10月。

**生态习性** 喜光，稍耐阴。耐寒，耐热，东北南部、华北至长江流域均种植。耐干旱，不耐水湿，对土壤要求不严，在微酸性至微碱性土壤中均能生长。生长缓慢，耐修剪。

**园林用途** 株形紧凑，秋叶鲜艳，果实开裂后露出红色种子，枝条常具木栓翅，颇为奇特，可观枝、观叶、观果。可在城市广场、公园、市政建筑周边栽植，亦可和其他植物搭配栽植于道路、草坪、墙垣或假山石旁。

**应用要点** 卫矛在中国南北各地广泛应用，适应性强。常用园艺品种为密实卫矛（*E. alatus* 'Compact'），又称火焰卫矛，其木栓翅不发达，秋叶亮红色。

卫矛的植株、枝、叶、果实（上）和密实卫矛的植株、叶（下）

## 栓翅卫矛

**学名** *Euonymus phellomanus* Loes.

**科属** 卫矛科、卫矛属

**识别特征** 落叶灌木，株高可达 4 m。枝条具 4 纵列木栓厚翅，宽可达 6 ~ 7 mm。单叶对生，叶长圆形，先端长渐尖，边缘具细密锯齿。聚伞花序 2 ~ 3 次分枝，具长总梗，有 7 ~ 15 花，花部 4 数，白绿色，花药紫色，花期 7 月。蒴果倒心形，具 4 棱，粉红色，种子橘红色，果期9—10月。

**生态习性** 喜光，稍耐阴。耐寒，耐高温，可抗极端气温。稍耐盐碱，耐贫瘠，对土壤要求不严。生长缓慢。

栓翅卫矛的植株和枝条栓翅

**园林用途** 枝条上的木栓翅发达，具有独特的观赏特性，秋叶可变红，果实粉红色，假种皮红色，可观枝、观果、观叶。可点缀于各类园林绿地观赏，尤其适合孤植于道旁、林缘或草坪边，凸显其巨大木栓翅的观赏性。

**应用要点** 栓翅卫矛主要分布于中国西北高海拔地区。除了较高的观赏价值外，可吸收有害气体，亦可入药，种子还可榨油。



## 北美冬青 · 又称轮生冬青

**学名** *Ilex verticillata*（L.）A. Gray

**科属** 冬青科、冬青属

北美冬青的植株、果株、叶和果实

**识别特征** 落叶灌木，株高可达 2 m。单叶互生，椭圆形或倒卵状椭圆形，先端突尖，基部宽楔形，边缘有钝锯齿，表面叶脉凹陷，下表面被柔毛。花单性异株，聚伞花序腋生，雄花序具花 10 ~ 20 朵，雌花序具花 3 ~ 6 朵，黄白色，花期 5—6 月。核果球形，果期 10—11 月。

**生态习性** 喜光，稍耐阴。稍耐寒，喜凉爽湿润气候，中国威海、杭州、上海等地有引种栽培。不耐干旱，不耐水湿，喜肥沃、湿润、排水良好的微酸性土壤。生长慢，耐修剪。

**园林用途** 秋冬季节红果满树，落叶后十分醒目，是著名的观果树种。园林中可孤植或列植作果篱，也可作盆栽观赏，还可作观果的切枝。

**应用要点** 国内栽培的北美冬青多为国外引进品种，也常被称为美国冬青，与正种美国冬青（*I. opaca*）常混淆，美国冬青为常绿灌木或小乔木。北美冬青喜酸性土壤，偏碱性土壤中生长不良。北美冬青雌雄异株，须合理配置受粉树，才能结果繁密。

## 山麻杆

**学名** *Alchornea davidii* Franch.

**科属** 大戟科、山麻杆属

**识别特征** 落叶灌木，株高可达2 m。枝少分枝，被短绒毛。单叶互生，薄纸质，阔卵形或近圆形，先端渐尖，基部心形，边缘具粗锯齿或细齿。花单性同株，无花瓣，花萼4裂，雄花为穗状花序，雌花为总状花序，花柱3，花期4—5月。蒴果近球形，密生短柔毛，果期7—8月。

**生态习性** 喜光，稍耐阴。稍耐寒，喜温暖湿润气候，长江流域以南普遍栽培。稍耐干旱，不耐水湿，对土壤要求不严，喜排水良好的微酸性至中性土壤。生长较快。

**园林用途** 茎秆粗壮、直立通达，新叶红艳，为著名的春季叶树种。常配植于各类园林绿地观赏，可孤植或丛植于道路绿带、草坪边缘、林缘或池岸水边，也可配植于粉墙前或假山旁。

**应用要点** 山麻杆适应性强，栽培管理容易，但春季红叶期较短。山麻杆萌蘖性较强，生长快，栽培中应及时抽稀更新。



山麻杆的植株、新叶、老叶和花

## 地锦 · 又称爬山虎、爬墙虎

**学名** *Parthenocissus tricuspidata* ( Siebold & Zucc. ) Planch.

**科属** 葡萄科、地锦属

**识别特征** 落叶藤木，长可达 20 m。有卷须，卷须端顶端膨大成吸盘。单叶互生，广卵形，常 3 裂，基部心形，边缘有粗锯齿，掌状脉 5 出。聚伞花序，着生于短枝上，花小，花部 5 数，绿色，花期 6 月。浆果球形，熟时蓝黑色，有白粉，果期 10 月。

**生态习性** 喜半阴，不耐晒。耐寒，喜温暖湿润气候，中国南北各地广泛栽培。耐干旱，稍耐水湿，对土壤要求不严，酸性至微碱性土壤中都能生长。生长快。

**园林用途** 枝叶繁茂，叶形美观，秋叶红艳，果实也可观赏。常作为墙面、堡坎绿化的植物材料，也可与假山、枯树和岩石相配。

**应用要点** 地锦是优良的绿化材料，攀附能力极强，是优良的墙面绿化材料，适应性强，可粗放管理。本属常用的种类还有五叶地锦 [ *P. quinquefolia* ( L.) Planch. ]，又称美国地锦、五叶爬山虎，掌状复叶，小叶 5，攀附能力不如地锦。

五叶地锦（上）和地锦（下）的植株、叶

## 葡萄·又称蒲陶

**学名** *Vitis vinifera* L.

**科属** 葡萄科、葡萄属

**识别特征** 落叶藤木，茎长可达20 m。单叶互生，近圆形，掌状3～5裂，基部心形，缘有粗齿。圆锥花序密，与叶对生，花小，花瓣5片，黄绿色，花期5—6月。浆果球形，果期9—10月。

**生态习性** 喜光，不耐阴。耐寒，喜夏季高温干燥气候，中国南北各地广泛栽培。耐干旱，不耐水湿，对土壤要求不严，微酸性至微碱性土壤中都能生长。生长快。

**园林用途** 葡萄为温带著名水果，是园林结合生产的优良植物，既可作棚架绿化，也可作水果生产。葡萄果实可生食，还可制葡萄酒、葡萄干。

**应用要点** 葡萄喜干燥，不喜湿，湿度过大易滋生叶片黑斑病和霜霉病，果期雨水多容易裂果，江南地区宜选抗病性强的品种。



葡萄棚架绿化和果实

## 紫珠

**学名** *Callicarpa bodinieri* Levl.

**科属** 马鞭草科、紫珠属

**识别特征** 落叶灌木，株高可达2 m。小枝、叶和花序均被粗糠状星状毛及暗红色腺点。单叶对生，叶片卵状长椭圆形，先端长渐尖至短尖，基部楔形，边缘有细锯齿，两面密生柔毛和红色腺点。聚伞花序腋生，花冠4裂，雄蕊4，紫色，花期5—6月。浆果球形，紫色，果期10—11月。

**生态习性** 喜光，稍耐阴。耐寒，喜凉爽湿润气候，华北至长江流域普遍栽培。稍耐干旱，不耐水湿，对土壤要求不严，喜排水良好的微酸性至中性土壤。生长慢。

**园林用途** 枝条细长披散，初夏时节满枝紫色小花，秋后又有满树的紫色小果，挂果期长，极具观赏性，是著名的观果植物。可点缀于各类园林绿地观赏，宜植于路旁绿化带、林缘、假山旁或与建筑小品等配植，也可列植作果篱，还可切枝瓶插。

**应用要点** 本属种类繁多，园艺品种十分丰富，常被统称紫珠。应用时应仔细分辨，注意其适生范围。本属多数种类耐阴，适应性强，管理粗放。

紫珠的植株、叶和果实

## 水果蓝 · 又称灌丛石蚕

**学名** *Teucrium fruticans* L.

**科属** 唇形科、香科科属

**识别特征** 常绿灌木，株高可达1.8 m。枝、叶被银灰色绒毛。单叶对生，长卵圆形，先端渐尖，基部楔形，全缘。聚伞花序，具2～3花，花冠三裂，上部两侧各具一小裂，中间裂大，蓝色，花期4—6月。

**生态习性** 喜光，稍耐阴。稍耐寒，喜温暖凉爽气候，上海地区可露地越冬。耐干旱，耐贫瘠，不耐水湿，对土壤要求不严，在排水良好的微酸性至微碱性土壤中均能生长。萌蘖性强，生长较快。

**园林用途** 枝叶茂密，株丛紧凑，周年常绿，常年呈现蓝灰色，花形奇特，颇具情趣。园林中常作绿篱栽培，也可修剪成球形点缀于绿地中。

**应用要点** 水果蓝适应性强，病虫害少，可按常规管理水平栽培。

水果蓝的植株、花和叶

## 小蜡·又称山指甲、花叶女贞

**学名** *Ligustrum sinense* Lour

**科属** 木犀科、女贞属

**识别特征** 半常绿灌木或小乔木，株高可达 3 ~ 6 m。幼时小枝被淡短柔毛。单叶对生，纸质，卵形至卵状椭圆形，先端尖、钝而微凹，基部楔形，全缘，下面中脉被短柔毛。圆锥花序顶生或腋生，常被毛，花冠裂片长于筒部，具明显的花梗，雄蕊长于花冠裂片，白色，花期 3—6 月。核果近球形，蓝黑色，果期 9—12 月。

**生态习性** 喜光，稍耐阴。耐寒，喜温暖湿润环境，在北京小气候良好处可露地越冬。稍耐干旱，耐贫瘠，不耐水湿，对土壤要求不严，喜肥沃砂质壤土。生长快，耐修剪。

**园林用途** 小蜡枝叶茂密，开花繁茂，盛开时如白雪覆盖，十分壮观，有浓香。可不作修剪点缀于林缘、墙角，观赏盛花景观；也可列植作绿篱、绿墙和绿屏；还可作整形栽培，修剪成各种造型。

**应用要点** 小蜡主产于华东、华南、西南等地，绿期长，若要观赏盛花景观不宜作强剪。

小蜡的植株、叶、花序和花

## 金叶女贞

**学名** *Ligustrum × vicaryi* Rehder

**科属** 木犀科、女贞属

**识别特征** 落叶灌木，株高 2 ~ 3 m。单叶对生，薄革质，椭圆形，先端尖，基部楔形，全缘，新叶金黄色，老叶黄绿色至绿色。总状花序，花两性，呈筒状白色小花，花期 5—6 月。核果椭圆形，黑紫色，果期 10 月。

**生态习性** 喜光，稍耐阴。耐寒，也耐热，华北地区到长江流域广泛栽培。耐干旱，不耐涝，不择土壤，以肥沃、通透性强的砂质壤土最佳。耐修剪。生长迅速。

**园林用途** 新叶色金黄，花色银白，可观叶、观花，园林绿化中常作为绿篱使用。可片植，与紫叶小檗、黄杨、龙柏等搭配，配植成不同的模纹，也可作整形栽培，制作各种绿雕。

**应用要点** 金叶女贞喜光照充足，也耐阴，宜植于阳光充足处，方可发挥其观赏特性。金叶女贞经多代无性繁殖后，叶片常退化返绿，可引进新的品种进行替代。

金叶女贞的植株和叶

## 连翘

**学名** *Forsythia suspensa* (Thunb.) Vahl

**科属** 木犀科、连翘属

**识别特征** 落叶灌木，株高可达 3 m。枝条开展，拱形下垂，小枝略呈四棱形，疏生皮孔，节间中空，节部具实心髓。单叶对生，卵形或卵状椭圆形，少数三裂或裂成 3 小叶，缘有锯齿，先端锐尖，基部楔形。花常单生或数朵生于叶腋，先叶开放，萼片、花瓣均为 4，雄蕊 2，黄色，花期 3—4 月。蒴果卵圆形，果期 7—9 月。

**生态习性** 喜光，稍耐阴。耐寒，中国南北各地广泛栽培。耐干旱、瘠薄，不耐水湿，对土壤要求不严，微酸性至微碱性土壤中均能生长。

**园林用途** 枝条拱形平展，株形自然，先花后叶，开花繁茂，早春时节满株金黄，是北方地区常用的花灌木。常作花灌木点缀园林，可孤植或丛植栽培，也可列植作花篱，还可片植于林缘缓坡。

**应用要点** 本属常用的园林植物还有金钟花（*F. viridissima* Lindl.）。金钟花与连翘的区别为：金钟花的枝条直立，节间常具片状髓，叶为椭圆状披针形。连翘、金钟花适应性强，采用常规管理即可。

连翘（上、中上）和金钟花（中下、下）的植株、花、枝髓、叶

## 迎春花·又称迎春

**学名** *Jasminum nudiflorum* Lindl.

**科属** 木犀科、素馨属

**识别特征** 落叶灌木，株高可达3 m。枝条拱形下垂，小枝四棱形。三出复叶对生，卵形或卵状披针形，先端具短尖头，基部楔形，缘有短睫毛。花常单生叶腋，先叶开放，萼片5～6，花冠高脚蝶状，裂片为5～6，黄色，花期2—3月。通常不结果。

**生态习性** 喜光，稍耐阴。耐寒，北京地区可露地栽培。耐干旱，不耐水湿，对土壤要求不严，微酸性至微碱性土壤中均能生长。

**园林用途** 枝条拱形下垂，株形披散，先花后叶，花期极早。常作花灌木点缀园林，最适宜与山石或假山配置，可配置于林缘、水边或边坡顶部，还可以列植作花篱，也常作盆景材料。

**应用要点** 迎春花为落叶灌木，但枝条为绿色，犹如常绿植物。传统园林中有“玉堂春富贵”的配植模式，“春”即为迎春花。迎春花适应性强，病虫害少，可粗放管理。

迎春花的植株和花冠

## 美国凌霄

**学名** *Campsis radicans* (L.) Seem.

**科属** 紫葳科、凌霄属

**识别特征** 落叶藤木，茎长可达10 m。奇数羽状复叶对生，小叶9～13枚，卵形至卵状披针形，先端渐尖，基部心形、浅心形或近截平叶轴、叶背有短柔毛，叶缘具齿4～5对。聚伞状圆锥花序顶生，花萼肉质，较厚，无纵棱，裂深约1/3，花径较小，花冠漏斗形，红色或橘红色，花期6—8月。

**生态习性** 喜光，稍耐阴，幼苗须庇荫。耐寒，耐寒性较凌霄强，北京至长江流域均可栽培。耐干旱，不耐水湿，对土壤要求不严，喜微酸性至中性土壤。萌蘖性强。

**园林用途** 枝叶繁茂，枝干虬曲多姿，开花繁密，花色艳丽，花期长。攀缘能力强，常作垂直绿化材料，可作廊架、墙面、堡坎、枯树、墙垣绿化，也可修剪整形成直立灌木栽培。

**应用要点** 本属常用的还有：凌霄 [*C. grandiflora* (Thunb.) Schum.]，又称中国凌霄，与美国凌霄的区别是小叶7～9，边缘具粗锯齿7～8对，两面无毛；花萼绿色，5裂至中部，具5条纵棱。杂种凌霄 [*C.* × *tagliabuana* (Vis.) Rehder]，其性状介于两者之间，花橙红至红色，花萼黄绿色。凌霄适应性强，病虫害少，栽培中可按常规管理。

美国凌霄的植株、花序、叶、叶背（上、中）和杂种凌霄的植株、花冠（下）

## 锦带花

**学名** *Weigela florida*（Bunge）A. DC.

**科属** 忍冬科、锦带花属

**识别特征** 落叶灌木，株高可达 3 m。单叶对生，椭圆形至卵状椭圆形，先端渐尖，基部楔形或圆形，叶缘有锯齿，背脉具柔毛。聚伞花序或单生叶腋，花冠漏斗形，柱头 2 裂，紫红或玫瑰红色，花期 4—6 月。蒴果柱状，顶有短柄状喙，疏生柔毛。

**生态习性** 喜光，稍耐阴。耐寒，中国东北、华北和长江流域广泛栽培。耐干旱，耐贫瘠，忌水涝，以深厚湿润而腐殖质丰富的土壤最佳。萌芽力强，生长迅速。

**园林用途** 锦带花枝条舒展，花色艳丽，花开时繁花似锦、极为壮观。园林绿化中常点缀于花坛、缓坡、林缘、路边、墙角、水边和假山旁，也可列植于道路两侧，配植成花篱。

**应用要点** 锦带花园艺品种较多，观花的有‘红王子’锦带花（*W.* ‘Red Prince’）、‘冠军’锦带花（*W.* ‘Eva Supreme’）、‘白花’锦带花（*W.* ‘Alba’）等，观叶的有‘花叶’锦带花（*W.* ‘Gold Brush’）、‘紫叶’锦带花（*W.* ‘Purpurea’）、‘金叶’锦带花（*W.* ‘Aurea’）等。锦带花花芽着生于二年生枝上，不能强剪，否则不开花。

「红王子」锦带花的开花植株、花（上）和「紫叶」锦带花（下左）、「花叶」锦带花的花枝（下右）

## 海仙花 · 又称朝鲜锦带花

**学名** *Weigela coraeensis* Thunb.

**科属** 忍冬科、锦带花属

**识别特征** 落叶灌木，株高可达 5 m。单叶对生，阔椭圆形或至倒卵形，先端突尖，边缘具细钝锯齿。聚伞花序，花萼裂片线形，深达基部，花冠漏斗状钟形，白色、红色或紫色生于同一花序，花期 4—5 月。蒴果柱状，果期 8—10 月。

**生态习性** 喜光，稍耐阴。耐寒，在北京地区可以露地越冬，华北至长江流域栽培。稍耐干旱，不耐涝，喜深厚肥沃湿润土壤。生长迅速，萌芽力强。

**园林用途** 株形优美，同一花枝上呈现两种颜色的花，极具观赏性，是江南地区重要的观赏花木。适合孤植或丛植点缀于林缘、路边、草坪、假山、坡地、湖畔、庭院和公园中。

**应用要点** 适应能力强，能耐寒、耐热，又耐阴，园林中按常规养护即可，注意保持种植土壤不要积水。

海仙花的植株和花

## 金银木 · 又称金银忍冬

**学名** *Lonicera maackii*（Rupr.）Maxim.

**科属** 忍冬科、忍冬属

**识别特征** 落叶灌木，株高可达6 m。幼枝、叶、花萼均被毛。单叶对生，卵状椭圆形至卵状披针形，先端渐尖，基部楔形至宽圆，全缘。花成对着生叶腋，花冠二唇形，先白色后变黄色，芳香，雄蕊5枚，花药丁字着生，花期5—6月。浆果球形，红色，果熟期9—10月。

**生态习性** 喜光，耐阴。耐寒，在东北、华北可露地越冬。耐干旱，不耐涝，在排水良好的肥沃砂质壤土中生长最佳。

**园林用途** 初夏开花，白花点缀叶间分外别致，花朵清香，由白转黄，秋季红果满树，可观花、观果。从东北至华东、西南广泛应用，常种植于草坪、山坡、林缘、路边或点缀于建筑阴面。

**应用要点** 耐寒、耐干旱、耐热，适应性强，园林中可按常规养护管理。

金银木的植株、果枝、叶和花

## 郁香忍冬 · 又称四月红

**学名** *Lonicera fragrantissima* Lindl. et Paxt.

**科属** 忍冬科、忍冬属

**识别特征** 落叶灌木，株高可达 2 m。单叶对生，叶厚纸质或带革质，卵状椭圆形至卵状长圆形，顶端短尖或具凸尖，基部圆或广楔形。花成对腋生，先叶或与叶同开，有芳香，相邻两花萼筒合生达中部以上，花冠二唇形，白色或粉红色，花期 2—4 月。浆果球形，两果基部合生，熟时红色，果熟期 4—5 月。

**生态习性** 喜光，耐半阴。耐寒，在华北南部可露地越冬。不耐干旱，不耐水湿，对土壤适应性强，喜湿润、肥沃、深厚、排水良好的砂质壤土，可在轻度碱性土壤中生长。萌蘖性强。

**园林用途** 本种花期极早，香味浓，可观花、观果、闻香。适合点缀于庭院各处，可种植于庭院、草坪边缘、园路两侧、转角一隅或假山前后，也可作下木配植。

**应用要点** 本种适应性强，华东地区广泛栽培，可按常规管理。

郁香忍冬的植株、叶和花

## 蓝叶忍冬 · 又称柯氏忍冬

蓝叶忍冬的植株、叶、花和花蕾

**学名** *Lonicera korolkowii* Stapf

**科属** 忍冬科、忍冬属

**识别特征** 落叶灌木，株高可达 4 m。单叶对生，卵形或卵圆形，近革质，先端尖，基部圆形，全缘，新叶嫩绿，老叶蓝绿色。花成对腋生，具长总梗，花冠二唇形，粉红色，有芳香，花期 4—5 月。浆果亮红色，果期 9—10 月。

**生态习性** 喜光，稍耐阴。耐寒，也耐热，在哈尔滨地区可露地越冬。耐干旱，对土壤要求不严。耐修剪，适应性强。生长迅速。

**园林用途** 花叶秀美，可观叶、观花、观果，是优秀的园林观赏树种。常种植于庭院、公园、林缘，也可片植或者带植。

**应用要点** 本种原产于土耳其，在中国主要分布于北京、沈阳等地，中国南北方均可栽培。吸收有害气体和吸附粉尘力强，可作防护树种。

## 木绣球 · 又称斗球、绣球荚迷

**学名** *Viburnum macrocephalum* Fort.

**科属** 忍冬科、荚迷属

**识别特征** 落叶灌木，株高可达 4 m。芽、幼枝、叶柄及花序均密被短毛。单叶对生，纸质，卵形至椭圆形，先端钝圆，基部圆或微心形，边缘具齿。聚伞花序，球形，全由大型不孕花组成，初时绿色，盛开时白色，花期 4—5 月。常不结实。

**生态习性** 喜光，稍耐阴。稍耐寒，喜温暖湿润气候，长江流域可露地越冬。不耐干旱，喜肥沃湿润、排水良好的土壤。生长迅速，萌芽力强。

**园林用途** 木绣球株形优美，花头硕大，状如圆球，初始绿色，盛开如雪球。江南地区园林中广泛栽培，可植于道旁、墙角、林缘、假山旁和门洞前观赏。

**应用要点** 主要变种为琼花 [*V. macrocephalum f. keteleeri* (Carr.) Rehd.]，又称扬州琼花，其与木绣球的区别为，花序为聚伞花序，小花二型，集生成伞房状，边缘为不孕花，中间为可孕花，结实性强，核果椭球形，熟时红色，后转黑色，果期 10—11 月。

树势强健，病虫害少，可粗放管理，修剪时保持株形完美即可。

木绣球的花枝、叶（上）和琼花的花、果实（下）

## 欧洲琼花 · 又称欧洲绣球

**学名** *Viburnum opulus* L.

**科属** 忍冬科、荚迷属

**识别特征** 落叶灌木，株高可达4 m。单叶对生，近圆形，3裂，基部圆形至浅心形，裂片具粗锯齿。聚伞花序顶生，小花二型，中间为可育花，边缘为不育花，白色，花药黄色，花期5—6月。核果近球形，熟时红，果期9—10月。

**生态习性** 喜光，稍耐阴。耐寒，在北方地区可露地越冬。稍耐干旱，不耐湿，对土壤要求不严，喜湿润、肥沃土壤。

**园林用途** 株形美观，开花繁茂，花形别致，结实性强，果色鲜艳，秋叶变红，是观花、观叶、观果的优良种类。可广泛应用于各类园林绿地中，适合零星散植于高大乔木下、道路绿化带中、草地边缘或墙角、假山旁。

**应用要点** 本品种广泛分布于乌克兰、俄罗斯或欧洲其他地区，在中国新疆也有分布。栽培品种较多，以观花为主，也有观果的品种。

欧洲琼花的果株、果序、叶和花序

## 圆果毛核木 · 又称红雪果

**学名** *Symphoricarpos orbiculatus* Moench

**科属** 忍冬科、毛核木属

**识别特征** 落叶灌木，株高可达2 m。单叶对生，叶椭圆形至卵形，先端钝尖，全缘，基部宽楔形，叶柄和叶片被毛。穗状花序，花冠钟形，粉白色，花期5—6月。浆果球形，熟时紫红色，果期10—12月。

**生态习性** 喜光，稍耐阴。耐寒，喜温暖湿润气候，北京地区可露地越冬。耐干旱，不耐水湿，对土壤要求不严，微酸性至微碱性土壤中均能生长。萌蘖性强，耐修剪。

**园林用途** 枝叶繁密，株形圆整，秋季红果满枝，果期极长，是优良的观果树种。常植于园林观赏，最适宜片植或列植作果篱，也可孤植或丛植观赏。

**应用要点** 本属另一种白雪果（*S. albus* K. Koch），又称雪果忍冬，也为著名观果树种，果实雪白。圆果毛核木匍匐枝极易生根，具横走特点，可利用其作水土防护树种。



圆果毛核木的植株、果枝（上）和白雪果的果株、果实（下）

园林植物识别与应用

# 7 乔木树种的识别与应用

乔木一般是指具有明显主干的木本植物。经典的园林树木学教材对乔木的定义除了要求具有明显主干外，还要求株高在5 m以上。本书中的乔木既包括严格意义上的乔木，也包括具有多主干、株高在5 m以上的高大丛木和大型竹类。

# 7.1 常绿乔木

## 7.1.1 常绿针叶类

### 南洋杉 · 又称猴子杉、细叶南洋杉

**学名** *Araucaria cunninghamii* Sweet

**科属** 南洋杉科、南洋杉属

**识别特征** 常绿乔木，高达70 m。幼树树冠尖塔形，老树则成平顶状，大枝轮生，侧生小枝密集下垂，近羽状排列。叶二型：幼树和侧枝的叶排列疏松，锥状、针状、镰状或三角状，微弯，先端具尖头；大枝及花果枝上之叶排列紧密，微向上弯，卵形、三角状卵形或三角状。球果卵圆形或椭圆形，灰绿色被白粉。

**生态习性** 喜光，稍耐阴。稍耐寒，上海地区可露地越冬。不耐干旱，喜湿润而排水良好的土壤，忌积水。生长较快。

**园林用途** 南洋杉大枝轮生成规则片层，枝叶茂盛，树姿优美，为优良的观形树种。适合作为园景树或纪念树，可孤植、列植或配植在树丛内，也可作为大型雕塑或风景建筑背景树，还常用作盆栽。

**应用要点** 幼树喜光，但怕强光，夏季盆栽观赏应遮去中午的阳光，以免灼伤叶片，春秋两季无须遮阴，冬季应放置于光照充足处。

南洋杉的植株和小枝

## 智利南洋杉 · 又称猴爪杉

**学名** *Araucaria araucana* (Molina) C. Koch

**科属** 南洋杉科、南洋杉属

**识别特征** 常绿乔木，高15 ~ 40 m。雌雄异株。大枝轮生而平展，树冠成规整尖塔形。叶卵状披针形，较扁平宽大，暗绿色，具光泽，紧密螺旋排列。雄球花圆柱形，簇生叶腋，雌球花椭圆形或近球形，单生枝顶。

**生态习性** 阳性树种。稍耐寒，是南洋杉属最耐寒的种类，最低可抵御－20℃的低温。长势很慢，寿命很长。

**园林用途** 树体高大雄伟，大枝密集轮生，成规整的片层，杉姿态优美，树形奇特，观赏价值高。最适宜孤植于开阔草坪，观赏其优美树形，也可丛植或列植观赏。

**应用要点** 智利南洋杉为优良观形树种，底层大枝的维护尤其重要，应植于排水良好、通风透光处，生长季节应防病菌滋生。

智利南洋杉的植株和小枝



## 江南油杉

**学名** *Keteleeria fortunei* var. *cyclolepis* (Flous) Silba

**科属** 松科、油杉属

**识别特征** 常绿乔木，高可达20 m。小枝红褐色或淡褐色。叶片条形，在侧枝上排列成不规则两列，先端圆钝或微凹，上面中脉明显凸出，下面主脉两侧常有排列整齐的白色气孔线。球果圆柱形顶端，苞鳞中部窄，下部稍宽，种子10月成熟。

**生态习性** 阳性树种。稍耐寒，喜温暖湿润气候，上海地区生长良好。耐干旱，喜排水良好的酸性土壤。主根发达，生长较快。

**园林用途** 江南油杉树姿雄伟，枝叶繁茂浓绿，球果绿白、硕大，挺立枝头，十分醒目。适宜于庭院栽植，也可丛植或林植营造风景林。木材坚实、纹理直，有光泽，是优良的木材树种。

**应用要点** 江南油杉喜酸性树种，在偏碱性土壤中生长不良。深根性，抗风力强。早期生长慢，须庇荫，适宜混交造林。

江南油杉的植株、球果、小枝和叶

## 日本冷杉

日本冷杉的植株、小枝和叶（正、反）

**学名** *Abies firma* Sieb. et Zucc.

**科属** 松科、冷杉属

**识别特征** 常绿乔木，株高可达 50 m。主干通直，树枝舒展。叶排成两列状，条形，在幼树或徒长枝上者先端成二叉状，在果枝上者先端钝或微凹，叶面中脉凹陷，叶背有两条白带。球果圆柱形，苞鳞露出。

**生态习性** 幼时耐阴，长大后喜光。稍耐寒，喜凉爽湿润气候。不耐干旱，喜生于湿润、肥沃、排水良好的酸性或微酸性土壤中，不耐盐碱性土壤。生长速度中等，寿命不长。

**园林用途** 树体高大，树姿优美，枝叶浓密，树形呈圆锥形或塔形。宜孤植于庭院草地或在林缘及疏林草地中丛植或群植。生长快，是优秀的绿化和造林树种。

**应用要点** 初期生长缓慢，畏烈日和高温，须选择适宜环境栽植，注意遮阴防暑。因萌芽力弱，故修剪易损树势，应尽量保持自然生长状态。

## 白皮松 · 又称白骨松、三针松、白果松

**学名** *Pinus bungeana* Zucc. ex Endl.

**科属** 松科、松属

**识别特征** 常绿针叶乔木，高达 30 m。树皮不规则片状剥落，白褐相间。叶三针一束，树脂道边生。球果圆锥状卵形，种鳞背宽阔而隆起，鳞脐有刺。种子大，卵形褐色。花期 4—5 月，球果翌年 9—11 月成熟。

**生态习性** 阳性树种，幼时较耐阴；耐寒，能适应干冷气候，北京地区生长良好；耐瘠薄、干旱和轻度盐碱，对二氧化硫及烟尘均有较强的抗性。深根性树种，生长速度中等，寿命较长。

**园林用途** 树姿优美，树皮灰白，树干愈老愈白，气候愈冷愈白。可以孤植、对植，也可群植成林或作行道树。最宜与园林古建配植，常植于院中堂前、亭侧，尽显古朴和苍翠，颇为壮观。

**应用要点** 南方地区气候炎热，树皮不如北方冷凉地区白；在高温高湿、排水不良或积水环境生长不良。

白皮松的植株、干、皮和叶

## 黑松 · 又称白芽松

**学名** *Pinus thunbergii* Parl.

**科属** 松科、松属

**识别特征** 常绿针叶乔木，高达 30 m。树皮灰黑色、粗厚；枝条开展，树冠宽圆锥状或伞形。冬芽银白色，芽鳞披针形，边缘白色丝状。叶二针一束，短而硬。花期 3—5 月，球果翌年 10 月成熟。

**生态习性** 喜光照充足，不耐阴。稍耐寒，青岛、大连可露地越冬。耐干旱、瘠薄，不耐水涝；喜土层深厚、土质疏松，富含腐殖质的砂质壤土。生长慢，寿命长。

**园林用途** 树干虬曲，树姿优美，周年常绿。耐海雾，抗海风，可作海岸绿化树种，也可作行道树或风景林树种。生长慢、寿命长，可作盆景材料；能耐轻度盐碱，常作五针松砧木。

**应用要点** 阳性树种，不耐阴，生长较慢，不宜与速生树种混植。



黑松的植株、冬芽和叶

## 湿地松 · 又称爱利松

**学名** *Pinus elliotti* Ergelm.

**科属** 松科、松属

**识别特征** 常绿针叶乔木，高可达 30 m。树皮灰褐色或暗红褐色，纵裂成鳞状块片剥落。新枝条每年可抽生两轮；针叶两针或三针一束，长而柔软。花期 3—4 月，球果翌年 9 月成熟。

湿地松的植株和叶

**生态习性** 强阳性树种，不耐阴。喜温暖湿润气候，耐热，也耐寒，能适应 −20 ~ 40 ℃地区。耐水湿，亦耐干旱，喜酸性至中性土壤，能适应轻度盐碱土壤。抗风力强，速生。

**园林用途** 树体高大，主干通直，叶色周年苍翠。常用作平原水网地区四旁绿化和造林树种，也可作为园林树种，作庭院树或丛植、群植皆可。

**应用要点** 喜水湿，但不耐涝渍，要求土壤排水良好。

## 五针松·又称日本五须松、五钗松、日本五针松

**学名** *Pinus parviflora* Sieb. et Zucc.

**科属** 松科、松属

**识别特征** 常绿针叶乔木，原产地株高可达30 m。树皮灰褐色，不规则鳞片状剥裂，内皮赤褐色，冬芽长椭圆形，黄褐色；叶五针一束，为短针状，两侧有白色气孔线。花期5月，单性同株，雄球花聚生新枝下部，雌球花聚生新枝端部。球果卵圆形，翌年10—11月成熟。

**生态习性** 喜光，稍耐阴。喜温暖湿润气候，稍耐寒，长江流域露地越冬。喜疏松、肥沃、排水性好的微酸性土壤，忌盐碱和积水土壤。生长慢，寿命长。

**园林用途** 枝繁叶茂，树姿端正。园林中常作整形栽培，是制作盆景的优良材料，常点缀于庭院中，植于花台上，配以景石。

**应用要点** 要保持良好树姿，须控制枝叶的生长，经常进行整形修剪。

五针松的植株、叶、雄球花和球果

## 雪松

**学名** *Cedrus deodara*（Roxb. ex D. Don）G. Don

**科属** 松科、雪松属

**识别特征** 常绿针叶乔木，高可达 50 ~ 70 m。树冠圆锥形。枝条分长短枝，针叶不成束，在短枝上簇生、长枝上互生。雌雄异株，少数同株。球果椭圆状卵形，顶端圆钝，熟时红褐色。花期 10—11 月，球果翌年 9—10 月成熟。

**生态习性** 喜光照充足，也稍耐阴。耐寒，北京地区可露地越冬。耐干旱性较强，忌积水；喜土层深厚、排水良好的土壤，喜微酸性及中性土壤，也能适应微碱性、瘠薄或黏性土壤。生长速度较快，平均每年高度生长可达 50 ~ 80 cm。

**园林用途** 树体高大雄伟，叶色周年常绿，树形优美。宜孤植于草坪中央、广场中心或对植于主要建筑物的两侧绿化带中观赏。

**应用要点** 树体较大，设计时应有足够的空间，为保持良好树形，宜种植在通风透光的地方，种植时不宜过密，以防止底层枝条干枯。

雪松的植株、雄球花和短枝



## 杉木 · 又称沙木、沙树

**学名** *Cunninghamia lanceolata*（Lamb.）Hook

**科属** 杉科、杉木属

**识别特征** 常绿乔木，株高可达 30 m。树冠幼年期为尖塔形，大树为广圆锥形，树干通直；树皮褐色，条片状脱落、叶镰状，革质，叶面中脉不明显，深绿而有光泽，叶背有两条白带，叶缘有不明显细齿；雄球花呈圆锥状，簇生枝端；雌球花单生或 2 ~ 4 个集生。球果卵圆至圆球形，熟时棕黄色。

**生态习性** 喜光，稍耐阴。稍耐寒，喜温暖湿润气候，长江流域生长良好。不耐干旱，不耐水湿，喜肥沃、深厚、湿润、排水良好的酸性土壤，忌盐碱性土壤。深根性，生长快。

**园林用途** 生长速度快，主干端直，树形整齐，叶色浓绿。园林中可孤植、丛植或群植，最宜在建筑物附近成丛点缀或山岩、亭台之后片植。也可用作营造防风林或用材林树种。

**应用要点** 萌蘖性强，主干衰弱时易生萌枝。叶尖锐、质硬，应避免配置于幼儿园或行人易触碰之处。不耐积水。

杉木的植株、雄球花枝和叶（正、反）

## 柳杉·又称长叶孔雀松

学名 *Cryptomeria japonica* var. *sinensis* Miquel

科属 杉科、柳杉属

识别特征 常绿针叶乔木，高可达 48 m。树皮红棕色，裂成长条状脱落；大枝近轮生，小枝细长，常下垂。叶钻形，先端内曲。球果圆球形或扁球形，苞鳞的尖头和种鳞先端的裂齿较短，裂齿长 2 ~ 4 mm，每种鳞有两粒种子。

生态习性 喜光，稍耐阴。稍耐寒。喜欢温暖湿润气候。喜深厚肥沃的砂质壤土，忌积水。在肥沃、排水良好土壤中生长较快。柳杉根系较浅，侧根发达，主根不明显，抗风力差。对二氧化硫、氯气、氟化氢等有较好的抗性。

园林用途 枝叶浓密，树干笔直，树冠圆整高大，树姿雄伟，最适于列植、对植，或于风景区内大面积群植成林。也可在庭院和公园中应用，可于前庭、花坛中孤植或草地中丛植。可作庭荫树，公园或作行道树。

应用要点 移栽宜在冬季至早春时进行，大苗要带土球，不宜进行截枝、截干。生长期保持土壤湿润，施肥 1 ~ 2 次。

柳杉的植株和叶



## 日本柳杉·又称孔雀松

学名 *Cryptomeria japonica* (L. f.) D. Don

科属 杉科、柳杉属

识别特征 常绿乔木，高达 40 m。树冠尖塔形，大枝常轮状着生，水平开展或微下垂。叶钻形，螺旋状着生，先端通常不内曲。球果近球形，苞鳞的尖头和种鳞先端的裂齿较长，裂齿长 6 ~ 7 mm，每种鳞有 2 ~ 5 粒种子。

日本柳杉的植株、小枝、雄球花和球果

生态习性 喜光，稍耐阴。稍耐寒性强，长江流域栽培。不耐干旱，适生于深厚肥沃、排水良好的砂质壤土，积水时易烂根。生长速度较快。

园林用途 树冠高大，树形呈塔形，叶色深绿，可作行道树、庭院观赏树。木材可供建筑、桥梁、造船和家具等用材。

应用要点 生长较快，成林速度较快。对二氧化硫等有毒气体比柳杉具有更强的吸收能力，可用于生态防护林。

## 侧柏 · 又称黄柏、香柏、扁柏、扁桧、香树

**学名** *Platycladus orientalis* (L.) Franco

**科属** 柏科、侧柏属

**识别特征** 常绿乔木，株高达20 m。树冠广卵形，小枝扁平，直展，排列成一个平面。叶全为鳞形，紧贴小枝，呈交叉对生排列。雌球花蓝绿，近球形，被白粉。球果近卵圆形，种鳞木质，背部顶端下方有一弯曲的钩状尖头。

**生态习性** 喜光，幼时稍耐阴。耐寒，也耐热，从长江流域到北京地区均可生长。耐干旱瘠薄，不耐水湿。土壤适应性强，在酸性、中性、石灰性和轻度盐碱土壤中均可生长。浅根性，幼年生长快，成年后中偏慢，寿命长。

**园林用途** 树干苍劲、古朴，叶色周年常绿。是北方地区常用的常绿树种，常植于皇家园林、寺院、陵墓和庭院。木材坚实耐用，可供建筑或器具之用。

**应用要点** 园艺品种较多，园林中常用的有：千头柏（*P. orientalis* 'sieboldii'），为低矮灌木，近球形，小枝片直立；金球侧柏（*P. orientalis* 'Semperaurescens'），树冠球形，叶全年金黄色；金枝侧柏（*P. orientalis* 'Aureo-nanus'），树冠卵形，嫩叶金黄色。

萌芽性强、耐修剪，为保持优良株形，可定期剪除萌枝。不耐湿，不宜种植于水湿、低洼处，浅根性，不抗风。

千头柏的植株、小枝、雌球花和雄球花

## 北美香柏 · 又称美国香柏

**学名** *Thuja occidentalis* L.

**科属** 柏科、崖柏属

**识别特征** 常绿乔木，株高可达20 m。树皮红褐色或橘红色。大枝平展，小枝片近水平或斜向排列。全为鳞叶，先端尖，内弯，两侧的叶与中央的叶近等长或稍短，中间的叶明显隆起，尖头下方有透明的圆形腺点。球果长椭圆形，近顶端有凸起尖头。

**生态习性** 喜光，耐阴。稍耐寒，长江流域至河南、山东生长良好。不耐干旱，喜湿润、排水良好酸性至中性土壤。生长极慢，寿命不长。

**园林用途** 枝叶茂密，株形圆整，叶揉搓后有苹果香味。广泛栽培于园林中观赏，常点缀于庭院中，可孤植、丛植，也可整形修剪作绿篱。

**应用要点** 园艺品种较多，园林应用应选择适合的品种。栽培中注意防治锈病、叶枯病、侧柏毒蛾、双条杉天牛和松梢小卷蛾等病虫害。

北美香柏的植株、小枝和小枝片（正、反）

## 日本扁柏

**学名** *Chamaecyparis obtusa* (Sieb. et Zucc.) Endl.

**科属** 柏科、扁柏属

**识别特征** 常绿乔木，株高可达 40 m。树冠圆锥形。树皮红褐色，裂片薄。生鳞叶小枝扁平，互生，排成一平面，鳞叶肥厚，先端钝，小枝上面两侧叶远较中间叶大，绿色，小枝下面叶微被白粉成“Y”形。球果圆球形。

**生态习性** 喜光，较耐阴。不耐寒，喜温暖湿润气候，多种植于长江流域。不耐干旱，喜深厚的砂质壤土。浅根性。

**园林用途** 枝叶繁茂，株形紧凑，树形美观。可作园景树，点缀庭院，孤植、对植、丛植皆可，耐修剪性，在庭院中也可作绿篱。

**应用要点** 园艺品种较多，包括：云片柏（*C. obtusa* 'Breviramea'），小枝片先端圆钝，片片如云；金云片柏（*C. obtusa* 'Breviramea Aurea'），形如云片柏，小枝先端金黄色；孔雀柏（*C. obtusa* 'Tetragona'），灌木，生小叶枝四棱状，在主枝上排成长短不一的两至三列。园艺品种采用扦插或嫁接繁殖，原种可采用播种繁殖。移植应于春季、须带土球进行。

日本扁柏的植株、枝和小枝片（正、反）

## 柏木·又称柏木树、柏树

**学名** *Cupressus funebris* Endl.

**科属** 柏科、柏木属

**识别特征** 常绿乔木，高达35 m。树皮淡褐灰色，窄长条裂片。小枝细长下垂，生鳞叶小枝排一平面，两面同形。鳞叶二型，中央之叶的背部有条状腺点，两侧的叶对折，背部有棱脊。球果圆球形，熟时暗褐色。

**生态习性** 喜光，稍耐阴，能耐侧方庇荫。稍耐寒，北京以南地区生长良好。耐干旱瘠薄，稍耐水湿；对土壤适应性强，喜微酸性至中性土壤，喜钙质土壤。浅根性，生长极其缓慢，寿命较长。

**园林用途** 枝叶茂密，树冠整齐，树姿潇洒，叶色周年苍翠。可植于园林观赏，宜孤植、群植、列植，适于公园、建筑前、陵墓、古迹和自然风景区应用，也可用作绿化造林树种。

**应用要点** 不择土壤，在中性、微酸性及钙质土壤中均能生长，耐干旱性强，能够在上层浅薄的钙质土壤和石灰性土壤中正常生长，适合造林或荒山绿化。柏木主要病害赤枯病，虫害有柏毛虫。

柏木的植株、小枝和小枝片

## 圆柏 · 又称刺柏、桧、桧柏

**学名** *Juniperus chinensis* L.

**科属** 柏科、刺柏属

**识别特征** 常绿乔木，高达20 m。雌雄异株。叶二型，幼树及萌枝上刺叶，老树上鳞叶。刺形叶三叶轮生或交互对生，有两白色气孔带；鳞叶交互对生，排列紧密，先端钝，背部面近中部有椭圆形腺体。球果近圆形，白粉，熟时褐色。

**生态习性** 喜光，稍耐阴。耐寒，也耐热，长江流域至北京地区均可生长。耐干旱、耐水湿，对土壤要求不严，在酸性、中性及石灰质土壤中均可生长。深根性，生长速度中等略慢，寿命极长。

**园林用途** 枝叶繁密，幼树株形规整，老树树冠开展，古朴自然，叶色浓绿。园林中可以群植于草坪边缘作背景，或丛植于片林、镶嵌树丛的边缘、建筑附近，也可作绿篱、桩景、盆景材料。

**应用要点** 为梨锈病的宿主，对梨、苹果、海棠和石楠等危害颇巨，应避免在苹果、梨园等附近种植。





圆柏的植株、小枝和球果

## 龙柏 · 又称龙爪柏、爬地龙柏、匍地龙柏

**学名** *Juniperus chinensis* ‘Kaizuca’

**科属** 柏科、刺柏属

**识别特征** 常绿乔木，株高可达21 m。大枝常有扭转，小枝较密，在枝端呈密基簇生状。叶全为鳞叶，有时基部有少量刺叶。球果蓝黑，略有白粉。

**生态习性** 喜光，稍耐阴。耐寒，也耐热，中国南北都有栽培。耐干旱，稍耐水湿。不择土壤，对土壤酸碱度适应性强，能耐轻度盐碱。生长速度中等。

**园林用途** 枝干虬曲，树形优美，枝叶碧绿青翠，为著名观形树种。常植于庭院花坛观赏，孤植、丛植均可，也常用于公园、庭院作为绿篱或高速公路中央隔离带。

**应用要点** 适生于干燥、肥沃、深厚的土壤，对二氧化硫和氯抗性强，但对烟尘的抵抗性较差。易发生红蜘蛛、立枯病、枯枝病等病虫害。

龙柏的植株、小枝和球果

## 刺柏

**学名** *Juniperus formosana* Hayata

**科属** 柏科、刺柏属

**识别特征** 常绿乔木，高可达12 m。树皮褐色，枝条斜展或直展，树冠塔形。小枝下垂，叶片三叶轮生，条状披针形，先端渐尖具锐尖头，上面稍凹，中脉微隆起，两侧有两条白色气孔带，气孔带较绿色边带稍宽，下面绿色，具纵钝脊。球果近球形，种鳞光滑，熟时淡红褐色。

**生态习性** 喜光，稍耐阴。耐寒，也耐热，中国南北均有种植。耐干旱，也耐水湿，喜肥沃、通透性好的微酸性至中性土壤。生长较慢。

**园林用途** 小枝柔软下垂，树形美观，叶色苍翠，周年常绿。多栽培作庭院树，可植于公园、建筑前或古迹等，也可作水土保持的造林树种。

**应用要点** 刺柏一年中有两次生长高峰，需要在高峰之前巧施追肥，促进刺柏根系生长，并适当间施钾肥。

刺柏的植株、小枝、叶和球果

## 罗汉松 · 又称罗汉杉、土杉

**学名** *Podocarpus macrophyllus* (Thunb.) Sweet

**科属** 罗汉松科、罗汉松属

**识别特征** 常绿乔木，高达20 m。树枝开展或斜展，较密。叶螺旋状着生，条状披针形，微弯。雄球花穗状、腋生，常3～5个簇生；雌球花单生叶腋。种子圆形，有白粉，肉质假种皮熟时紫黑色，种托圆柱状，熟时红色或紫红色。花期4—5月，种子8—9月成熟。

**生态习性** 喜光，稍耐阴。稍耐寒，喜温暖湿润气候，长江流域生长良好。不耐干旱，喜微酸性、排水良好土壤，也可生长于轻微盐碱土壤。对二氧化硫、硫化氢、氧化氮等多种污染气体抗性较强。

**园林用途** 株形清雅挺拔，苍古矫健，叶色四季鲜绿，球果奇特，如身披红色袈裟打坐的和尚。宜作庭院景观树，孤植、对植皆可；枝叶浓密，生长慢，常作为盆景树种。还可用作防火树种。

**应用要点** 枝叶萌蘖能力强，耐修剪，作整形栽培时，应定期进行修剪，防止扰乱树形。



罗汉松的植株、叶、雄球花和种子

## 竹柏

竹柏的植株、叶（正、反）和雄球花



**学名** *Nageia nagi* (Thunb.) Kuntze

**科属** 罗汉松科、竹柏属

**识别特征** 常绿乔木，高达20 m。枝条开展，树冠广圆锥形。叶对生，革质，卵状椭圆形或卵状披针形，无中脉。雌雄异株，雄球花穗状圆柱形，雌球花单生叶腋。种子圆球形，成熟时假种皮暗紫色，有白粉；骨质外种皮黄褐色。花期3—4月，种子10月成熟。

**生态习性** 阴性树种。稍耐寒，喜温暖湿润气候，上海地区可露地越冬。不耐干旱，不耐水湿，喜排水良好的酸性砂质壤土。生长较慢。

**园林用途** 竹柏树干修直，树态优美，叶茂荫浓，可用作行道树，也可与其他树种成片栽植。木材可供雕刻、建筑用材，种子可提炼工业用油或食用油。

**应用要点** 枝条萌芽力弱，截枝后恢复困难，移栽时应带土球，并考虑遮阴，避免阳光过于强烈，土壤要湿润而排水良好。

## 红豆杉

**学名** *Taxus wallichiana* var. *chinensis*（Pilg.）Florin

**科属** 红豆杉科、红豆杉属

**识别特征** 常绿乔木，株高可达 30 m。叶螺旋状互生，扁平线形，稍弯曲，边缘平，背面中脉与气孔带同色。单性异株，雄球花单生叶腋，雌球花有对生苞片；种子着生于杯状肉假种皮内，假种皮熟时红色，种子卵圆形坚果状，9 月果熟。

**生态习性** 喜阴，不耐晒。稍耐寒，喜凉爽湿润气候。具一定的耐干旱能力，不耐涝，不耐热，喜微酸性土壤，不耐盐碱性土壤。

**园林用途** 红豆杉枝叶浓密，树形优美，果实红艳，如红宝石点缀枝头，格外显眼。适合在庭园一角孤植，亦可在建筑背阴面的门庭或路口对植，在山坡、草坪边缘、池边、片林边缘丛植。

红豆杉（上、中上）和南方红豆杉（中下、下）的植株、枝、叶、果实

**应用要点** 红豆杉和南方红豆杉［*T. wallichiana* var. *mairei*（Lemée et Lévl.）L. K. Fu et Nan Li］极为相似，区别之处在于：红豆杉叶片下部中脉和气孔带同色，而南方红豆杉中脉和气孔带不同色；红豆杉叶边缘平，而南方红豆杉叶边缘略反卷。

红豆杉属浅根树种，侧根发达，萌芽力强，耐修剪，但幼苗长势慢、抗逆性差、成活率低。

## 榧树 · 又称香榧

**学名** *Torreya grandis* Fort. et Lindl.

**科属** 红豆杉科、榧树属

**识别特征** 常绿乔木，高可达25 m。当年生枝光滑，近对生，大枝轮生开展。叶条形，排成两列，上表面中脉不明显，亮深绿色，叶背有两条白粉带，先端有小尖头。雌雄异株，雄球花单生，雌球花对生叶腋，花期4—5月。种子核果状，卵圆形至长圆形，外被肉质假种皮，成熟时浅紫褐色，表面具白粉。

**生态习性** 喜光，稍耐阴。稍耐寒，喜温暖湿润气候，上海可露地越冬。不耐干旱，不耐水涝，喜微酸性至中性土壤，不耐盐碱性土壤。生长较慢。

**园林用途** 树冠开展圆整，枝叶紧密繁茂，叶色浓绿。可作庭院树种，孤植、对植、丛植和群植皆可。果实味美，为著名干果。

**应用要点** 榧树为中国特有的观赏树种，喜光耐阴，宜与其他高大树种配植。

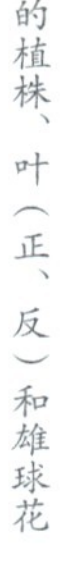

榧树的植株、叶（正、反）和雄球花

## 三尖杉

**学名** *Cephalotaxus fortunei* Hook.

**科属** 红豆杉科、三尖杉属

**识别特征** 常绿乔木，株高10～20 m。枝条细长稍下垂；树皮红褐色或灰褐色，片状开裂；叶条形，略有弯曲，排成两列，长7～10 cm，先端渐尖，背面有两条白色气孔带，白色部分较绿色部分宽；雄球花聚生成头状，雌球花生于小枝基部。种子椭圆状卵形，未熟时绿色，被白粉色，熟后变成紫色或紫红色。

三尖杉的植株、叶（正、反）和球果

**生态习性** 喜阴，不耐晒。稍耐寒，喜温凉湿润气候，也较耐热，上海地区露地越冬良好。不耐干旱，也不耐涝，喜酸性至中性土壤，不耐盐碱性土壤。萌蘖力强，生长较慢。

**园林用途** 叶片排列规整，叶色终年翠绿，树姿优雅。可作为庭院观赏树种，配置于墙角、花台上，也可作下木，与高大落叶树种配植。

**应用要点** 主根较浅，侧根发达，萌蘖性强，应注意修剪、除萌；耐荫蔽、不耐晒，宜与其他树种配植，或配植于楼的北面。



## 木麻黄 · 又称短枝木麻黄、驳骨树、马尾树

**学名** *Casuarina equisetifolia* L.

**科属** 木麻黄科、木麻黄属

**识别特征** 常绿乔木，株高可达30 m。大枝红褐色，小枝有密集的节。叶轮生，每轮通常7枚，披针形，有覆瓦状排列、被白色柔毛的苞片。果序球状椭圆形或阔卵形，小坚果连翅，花期4—5月，果期7—10月。

**生态习性** 喜光照充足，不耐阴。不耐寒，杭州湾以南地区可露地越冬。耐干旱、耐湿，也耐盐碱，抗海潮风。生长较快。

**园林用途** 树干通直，枝条柔软下垂，枝叶细密，状如松树。耐盐碱能力极强，抗海潮风，是滨海地区绿化的优良树种，可作庭院树、行道树和绿篱，也可作为滨海防护林或轻盐碱地造林树种。

**应用要点** 适应性强，幼苗期若遇连续晴天，要浇水，保持表土湿润。

木麻黄的植株和小枝

# 7.1.2 常绿阔叶类

## 苏铁 · 又称避火蕉、铁树

**学名** *Cycas revoluta* Thunb.

**科属** 苏铁科、苏铁属

**识别特征** 常绿小乔木，株高可达 5 m。羽状复叶集生茎端，长 0.5 ~ 1.2 m，小叶线形，硬革质，边缘显著反卷。雌雄异株，雄球花圆柱形，雌球花扁球形，大孢子叶羽状裂，密被灰黄色绒毛，花期 5—7 月。种子球形，红色，9—10 月成熟。

**生态习性** 喜光，不耐阴。稍耐寒，喜温暖湿润气候，上海地区可露地越冬。耐干旱，不耐水湿，喜微酸性至中性土壤。生长较慢。

**园林用途** 茎干挺直，叶大规整，树姿优美，颇具热带风光特色。常植于花台中央，也可与岩石等配植，还可盆栽观赏。

**应用要点** 苏铁喜温暖气候，耐寒性稍差，长江流域露地栽培，冬季严寒时节应对植株进行包裹，防止冻害。

苏铁的植株、雄球花、雌球花和种子

## 广玉兰·又称荷花玉兰、洋玉兰

**学名** *Magnolia grandiflora* L.

**科属** 木兰科、木兰属

**识别特征** 常绿乔木，株高可达30 m。树冠呈卵状圆锥形，小枝和芽均有锈色绒毛。单叶，互生，椭圆形至倒卵状椭圆形，革质，表面有光泽，背被锈色绒毛，全缘，微反卷。花单生枝端，花被6瓣，白色，有香味，花期6—7月。聚合果圆柱状长圆形或卵圆形，果期9—10月。

**生态习性** 喜光，稍耐阴。稍耐寒，喜温暖湿润气候，西安、郑州生长良好。不耐水湿，喜肥沃、湿润、排水良好微酸性或中性土壤。对烟尘及二氧化硫有较强抗性。根系深广，抗风力强，生长速度中等。

**园林用途** 主干通直，树体高大雄伟，枝叶茂密，花大而芳香。园林中广泛引用，最宜作孤植树布置于宽阔草坪观赏，也可作行道树列植于宽阔绿化带中，还可丛植观赏。

**应用要点** 由于其树冠庞大，花开于枝顶，故在配置上不宜植于狭小的庭院内，否则不能充分发挥其观赏效果。肉质根，配置中应避免布置于低湿地带。

广玉兰的植株、枝、叶和花

## 山玉兰 · 又称优昙花

山玉兰的植株、叶和花

**学名** *Lirianthe delavayi* (Franch.) N. H. Xia & C. Y. Wu

**科属** 木兰科、长喙木兰属

**识别特征** 常绿乔木，株高可达12 m。小枝密被毛。单叶互生，革质，椭圆形至卵状椭圆形，先端钝圆，基部圆形，边缘波状，背面有白粉，托叶痕延至叶柄顶部。花单生枝端，花被片9～10，外轮3片淡绿色，长圆形，内两轮乳白色，倒卵状匙形花期4—6月。聚合果卵状长圆形，果期8—10月。

**生态习性** 喜光，较耐阴，幼苗喜荫。稍耐寒，喜温暖湿润气候，上海可露地越冬。稍耐干旱，不耐水湿，喜深厚肥沃、排水良好的微酸性土壤。生长缓慢，寿命长。

**园林用途** 枝繁叶茂，叶片大而秀雅，花形优美，花色淡雅，有香味。可植于园林观赏，可孤植点缀于草坪、庭院、建筑物入口处或道路两侧。

**应用要点** 山玉兰常植于寺庙中，是佛家圣花。栽培中应注意，选择的种植地点不能积水，以防止烂根。

## 乐昌含笑 · 又称广东含笑、景烈白兰、景烈含笑

**学名** *Michelia chapensis* Dandy

**科属** 木兰科、含笑属

**识别特征** 常绿乔木，高 15～30 m。单叶，互生，薄革质，倒卵形，基部楔形或阔楔形；叶柄长无托叶痕，上面具张开的沟。花单生叶腋，花被片 6，两轮，外轮倒卵状椭圆形，内轮较窄，乳白色，花期 3—4 月。聚合果长约 10 cm，蓇葖长圆形或卵圆形，顶端具短细弯尖头，果期 8—9 月。

**生态习性** 喜光，稍耐阴。耐热，稍耐寒，喜温暖湿润的气候，南京以南地区广泛栽培。喜土壤深厚、疏松、肥沃、排水良好的酸性至中性土壤，忌积水。生长较快。

**园林用途** 主干通直，树冠圆整，四季常青，叶色浓绿，满树繁花，花香甜润。可点缀于园中观赏，也可丛植或群植作为常绿背景，还可用作行道树。

**应用要点** 乐昌含笑为肉质根，不耐干旱，喜湿润土壤，但忌积水，积水易导致烂根。开花繁茂，花密较多，易滋生蚜虫、诱发煤污病，花期应加强防治。

乐昌含笑的植株、叶、花和果实

## 黄兰 · 又称黄兰含笑

**学名** *Michelia champaca* L.

**科属** 木兰科、含笑属

**识别特征** 常绿乔木，高达17 m。树冠阔伞形树冠。幼枝及芽密被淡黄白色微柔毛，老时脱落。单叶互生，薄革质，长椭圆形或披针状椭圆形，上面无毛，下面疏生微柔毛；叶柄具托叶痕，长不及叶柄1/3。花单生叶腋，花被片10片以上，披针形，黄色，极芳香，花期4—9月。聚合蓇葖果，果期8—9月。

**生态习性** 喜光，稍耐阴。喜温暖湿润气候，耐热，不耐寒，长江流域须室内栽培。不耐干旱，也不耐水涝，喜微酸性土壤。对二氧化硫、氯气等有毒气体比较敏感，抗性差。生长较快。

**园林用途** 叶片硕大，四季常青，叶色淡雅，花极芳香，为著名香花树种。南方温暖地区可植于园中观赏；长江流域以北可盆栽，临时布置于庭院、厅堂、会议室中。白兰花香精可食用，可以兼做香料和药用。

**应用要点** 黄兰不耐寒，露地栽培应防霜冻。栽培中应保持土壤湿润，但不可浇水过量，防止积水烂根。

黄兰的植株、枝和叶



## 月桂

**学名** *Laurus nobilis* L.

**科属** 樟科、月桂属

**识别特征** 常绿乔木，株高可达12 m。单叶互生，革质，长椭圆形至长圆状披针形，先端渐尖，基部楔形，全缘波状，两面无毛。雌雄异株，球状伞形花序腋生，花小，花被片4枚，黄色，花期3—4月。核果椭圆形，果期9—10月，熟时暗紫色。

**生态习性** 喜光，稍耐阴。稍耐寒，喜温暖湿润气候，上海地区可露地越冬。耐干旱，不耐水湿，对土壤要求不严，在排水良好的微酸性至微碱性土壤中均能生长。

**园林用途** 枝叶稠密，叶色苍翠，周年常绿，春季黄花缀满枝间，颇为美丽。园林中常修剪成规则形状，可孤植、对植或列植于道旁、草坪或水池边，也可作绿篱或高篱。叶片还是著名的香料。

**应用要点** 月桂适应性强，可粗放栽培，但空气湿度过大，易滋生白粉病和煤污病。

月桂的植株、叶和花

## 樟树 · 又称香樟、芳樟、油樟、樟木

**学名** *Cinnamomum camphora* (L.) Presl

**科属** 樟科、樟属

**识别特征** 常绿乔木，高可达30 m。枝、叶及木材均有樟脑气味。树皮不规则纵裂。单叶，互生，卵状椭圆形，全缘，离基三出脉。圆锥花序，花被片6枚，内外轮区分不明显，仅基部合生，黄绿色；花期4—5月。核果，球形，果托肥大，熟时黑色，果期10—11月。

**生态习性** 喜光，稍耐阴。稍耐寒，喜温暖湿润气候，合肥地区可露地越冬。稍耐水湿，喜土壤湿润和通气良好，喜酸性至中性肥沃土壤。寿命较长，生长速度中等。主根发达，深根性，能抗风。

**园林用途** 树体高大雄伟，冠大荫浓，周年常绿。园林中可作为庭荫树、行道树及风景林，最宜在草地中丛植、群植、孤植或作为背景树，又因其较强的抗污能力，也可作为街道、工厂、广场的防护树种。材质优良，可作用材树种，也可用于提取樟脑或樟油。

**应用要点** 移植时须注意保持土壤湿润，但不耐长期积水，水涝容易导致烂根缺氧而死，不耐干旱、瘠薄和盐碱土壤。

樟树的植株、叶、花和果实

## 天竺桂 · 又称浙江樟、浙江天竺桂

天竺桂的植株和叶

**学名** *Cinnamomum japonicum* Sieb.

**科属** 樟科、樟属

**识别特征** 常绿乔木，高10～16 m。树冠卵状圆锥形。树皮淡灰褐色，光滑不裂，有芳香及辛辣味。单叶互生或近对生，长椭圆状广披针形，长5～12 cm，离基三主脉近于平行并在表面隆起，脉腋无腺体，背面有白粉及细毛。圆锥花序，花黄绿色，花期5月；核果果卵圆形或近球形，果托杯状，熟时紫黑色，果期10—11月。

**生态习性** 喜光，稍耐阴。稍耐寒，喜温暖湿润气候，上海地区可露地越冬。喜排水良好的微酸性至中性土壤，不耐盐碱性土壤。生长速度中等。

**园林用途** 树干端直，树冠整齐，枝叶稠密，树势雄伟。园林中孤植、丛植、列植均相宜，幼时也常盆栽观赏。对二氧化硫抗性强，有一定的隔音、防尘效果，可作厂矿区绿化及防护林带树种。木材坚实，耐水湿，可供建筑或家具等用材。

**应用要点** 喜湿润、排水良好土壤，注意保持土壤湿润，防止积水。移栽须带土球，以3月中下旬为宜。

## 蚊母树 · 又称蚊母

**学名** *Distylium racemosum* Sieb. et Zucc.

**科属** 金缕梅科、蚊母树属

**识别特征** 常绿乔木，株高可达16 m。单叶互生，革质，倒卵状长椭圆形，先端钝尖，基部楔形，全缘。总状花序腋生，无花瓣，雄蕊红色，花期4—5月。蒴果卵形，顶端有两条宿存花柱，果期9月。

蚊母树的植株和果实

**生态习性** 喜光，稍耐阴。稍耐寒，喜温暖湿润气候，长江流域及其以南地区栽培。稍耐干旱，不耐水湿，对土壤要求不严，酸性至中性土壤中均能生长。生长较慢，萌芽力强，耐修剪。

**园林用途** 枝叶稠密，树形整齐，叶色浓绿，周年不凋，春季开红色小花，也较醒目。园林中常作绿篱栽培，也可修剪成球形或各种绿雕造型。枝叶浓密，抗性强，常作为厂矿绿化树种。

**应用要点** 蚊母树适应性强，对土壤要求不严，病虫害少，可按常规栽培养护管理。

## 红花檵木 · 又称红檵木

**学名** *Loropetalum chinense* var. *rubrum* Yieh

**科属** 金缕梅科、檵木属

**识别特征** 常绿灌木或小乔木，株高可达8 m。幼枝、叶密被柔毛。单叶互生，革质，卵形或椭圆形，先端短渐尖，基部不对称，全缘。花3～8朵簇生短枝顶端，花瓣4，带状条形，红色，花期4—5月。蒴果卵形，果期8月。

**生态习性** 喜光，稍耐阴。稍耐寒，喜温暖湿润气候，长江流域及其以南地区栽培。稍耐干旱，不耐水湿，喜肥沃酸性土壤，不耐盐碱性土壤。

**园林用途** 枝叶细密，叶色鲜艳，开花繁茂。园林中常作绿篱，也可修剪成球形或其他造型，还可培养成乔木，也可以作盆景材料。

**应用要点** 红花檵木花芽着生于上年生短枝顶端，修剪时应注意保留短枝，不可强剪，否则来年开花少。

红花檵木的植株、叶和花



## 杨梅 · 又称山杨梅、朱红、珠蓉

**学名** *Myrica rubra* Sieb. et Zucc.

**科属** 杨梅科、杨梅属

**识别特征** 常绿乔木，株高可达15 m。树冠呈圆球形。单叶互生，常密集着生于小枝上端，革质，倒卵形，全缘。花雌雄异株，无花被；雄花序单生或丛生于叶腋，圆柱状，紫色；雌花序单生于叶腋，常具4枚卵形小苞片，紫色，花期4月；核果球状，外果皮肉质，具乳头状凸起，熟时深红色或紫红色，6—7月果熟。

**生态习性** 喜光，稍耐阴。稍耐寒，喜温暖湿润气候，南京、扬州以南地区可露地越冬。喜富含腐殖质、排水良好的酸性或微酸性砂质壤土，不耐积水，不耐盐碱性土壤。生长较慢。

**园林用途** 枝繁叶茂，树冠圆整，初夏果熟，红果累累。为南方地区著名传统果树，是园林绿化结合生产的优良树种。适于在庭院、草坪、路旁孤植或丛植，亦可密植以分隔空间或作常绿背景。

**应用要点** 杨梅生长慢，大枝短截后，树冠恢复困难，宜带大土球移栽。其抗逆性强，密植时需要注重病虫害的发生。同时需要注意雨季防涝、旱季保水和冬季保温。

杨梅的植株、果实、雄花和雌花

## 弗吉尼亚栎·又称维吉尼亚栎、美国栎、强生栎

**学名** *Quercus virginiana* Mill.

**科属** 壳斗科、栎属

**识别特征** 常绿乔木，株高可达 20 m。单叶互生，革质，有光泽，椭圆形至长椭圆形，全缘或偶有刺齿，略外卷，背面具灰色或白色柔毛。坚果单生或少量簇生，半藏于杯状总苞中。

**生态习性** 喜光，稍耐阴。稍耐寒，喜温暖湿润气候，上海地区可露地越冬。耐干旱瘠薄，也耐水湿，具有一定的耐盐碱能力。生长较慢，寿命较长。

**园林用途** 枝叶稠密，树形美观，周年常绿。适应性强，常作为滨水低湿地带的绿化造林树种，枝干柔韧，抗风性强，可作沿海防风林树种。也可用于园林栽培，是优良的行道树和庭荫树种，广泛栽植于草地、公园及高尔夫球场等场所。

**应用要点** 苗期生长较慢，需要加强管理。因树干柔软，为培育端直主干，应设置支撑。

弗吉尼亚栎的植株、叶和果实

## 山茶花 · 又称耐冬、茶花、山茶

**学名** *Camellia japonica* L.

**科属** 山茶科、山茶属

**识别特征** 常绿灌木或小乔木。株高可达10 m。单叶互生，革质，椭圆形或倒卵形，长5～10 cm，宽2.5～5 cm，先端略尖，具锯齿，无毛。花单生枝端或叶腋，花瓣6～7，外层两片近圆形，离生，余5片倒卵形，基部合生，花期1—3月；蒴果，圆球形，成熟后开裂。

山茶花的植株、叶、花和雌蕊

**生态习性** 喜光，不耐酷热。稍耐寒，喜温暖湿润气候，青岛以南地区可露地越冬。喜空气湿润，忌积水，喜酸性、排水良好、肥沃土壤。生长较慢。

**园林用途** 枝繁叶茂，叶色周年常绿，花期正值少花的冬春季节、长达3～4个月，为中国的传统名花。常散植于庭院，或与其他景观搭配组景，亦可盆栽观赏。

**应用要点** 山茶花喜光怕晒，种植地点最好选择靠墙或有侧方荫蔽处，盆栽在夏秋季午后须遮阳避暑，喷水降温，以免叶片灼伤变黄、变干。

## 茶·又称茶树

**学名** *Camellia sinensis*（L.）O. Ktze.

**科属** 山茶科、山茶属

**识别特征** 常绿小乔木或灌木，株高可达6 m。单叶互生，革质，椭圆形或长卵形，先端锐尖，基部楔形，缘具锯齿。花1～4朵腋生，花梗较长而下弯，萼片5～7，宿存，花瓣5～9，白色，子房有毛，花期9—10月。蒴果扁球形，熟后3裂，果期翌年10月。

**生态习性** 喜光，稍耐阴。稍耐寒，喜温暖湿润气候，河南信阳、山东青岛以南地区可露地越冬。稍耐干旱，不耐水湿，喜肥沃、湿润、排水良好的酸性土壤。

**园林用途** 枝繁叶茂，叶色周年常绿，开白色小花。茶为著名饮料树植物，一般作经济树种栽培，园林中也可栽培观赏，可作绿篱。

**应用要点** 茶喜酸性土壤，在碱性土壤中不能生存。茶为重要的经济植物，园艺品种繁多。

茶的植株、叶、花和果实

## 茶梅

**学名** *Camellia sasanqua* Thunb.

**科属** 山茶科、山茶属

**识别特征** 常绿小乔木或灌木，株高可达6 m。嫩枝、叶柄、子房、背脉均被毛。单叶互生，革质，椭圆形至倒卵形，先端短尖，基部楔形，缘具锯齿。花1～2朵顶生，无柄，花瓣基部不联合，白色，子房密被白毛，花期9月至翌年3月。蒴果球形，果期翌年10月。

**生态习性** 喜光，稍耐阴。稍耐寒，喜温暖湿润气候，长江流域及其以南地区广泛栽培。不耐干旱，不耐水湿，喜肥沃、湿润、排水良好的酸性土壤。生长较慢。

**园林用途** 枝叶繁密，株形紧密，开花繁茂，花期长。园林中常作花灌木点缀庭院，矮生品种也常片植作花篱或开花地被，高大品种可培育作开花乔木。

**应用要点** 茶梅栽培品种众多，株形差异大，花色变化丰富。一般可分为四个品种群：普通茶梅品种群，一般10—12月开花；冬茶梅品种群，11月至翌年3月开花；春秋茶梅品种群，12月至翌年4月开花；油茶品种群，11月前开花。应根据具体的用途和花期进行品种的选择。茶梅是山茶属中适应性最强的种类，对光照和土壤盐碱性的适应范围都比其他种类广。



茶梅的植株、叶、花和子房

## 美人茶·又称冬红山茶、单体红山茶

**学名** *Camellia uraku* Kitam.

**科属** 山茶科、山茶属

**识别特征** 常绿小乔木或灌木，株高可达5 m。单叶互生，革质，椭圆形，先端尾尖，基部楔形，缘具钝齿。花顶生，无柄，花瓣6～7，粉红色，子房密被白色绢毛，花期12月至翌年3月。

**生态习性** 喜光，稍耐阴。稍耐寒，喜温暖湿润气候，长江流域及其以南地区栽培。不耐干旱，不耐水湿，喜肥沃、排水良好的酸性土壤。生长较慢。

**园林用途** 枝繁叶茂，花色艳丽，花期早长，花期正值少花的隆冬季节。园林中常作花灌木点缀庭院观赏，常植于花坛、墙角、道旁或建筑旁。

**应用要点** 美人茶生长较慢，发枝力较弱，不宜进行重剪。

美人茶的植株、花和叶

## 油茶·又称野油茶、山油茶、单籽油茶

**学名** *Camellia oleifera* Abel.

**科属** 山茶科、山茶属

**识别特征** 常绿小乔木或灌木，株高可达7 m。嫩枝、叶柄、主脉、子房、果实均被毛。单叶互生，革质，椭圆形，先端钝尖，基部楔形，缘具细锯齿。花顶生，近无柄，花瓣5～7，白色，花期10月。蒴果球形，果期翌年9—10月。

油茶的植株、果实、叶和花

**生态习性** 喜光，稍耐阴。稍耐寒，喜温暖湿润气候，长江流域及其以南地区广泛栽培。耐干旱，耐瘠薄，不耐水湿，喜深厚、肥沃、排水良好的酸性土壤。生长较慢。

**园林用途** 枝叶繁茂，周年常绿，秋冬季节满树白花，也颇为壮观。油茶为著名的木本油料树种，一般作经济林树种栽培，园林中也可栽培观赏，常点缀于林缘、路旁、建筑旁，也颇具自然野趣。也可用作山茶花的砧木。

**应用要点** 油茶喜酸性土壤，在偏碱性土壤中不能生长，对土壤通透性要求较高，排水不畅常导致烂根死亡。

## 厚皮香

**学名** *Ternstroemia gymnanthera* (Wight et Arn.) Sprague

**科属** 山茶科、厚皮香属

**识别特征** 常绿灌木或小乔木，株高可达 8 m。叶常簇生叶枝端，革质，倒卵状长椭圆形，先端钝尖，基部楔形，全缘，叶柄红色。花小，常单生于无叶小枝或叶腋，具柄，萼片 5，花瓣 5，淡黄白色，花期 5—7 月。蒴果球形，果期 8—10 月。

厚皮香的植株、叶和果实

**生态习性** 喜光，较耐阴。稍耐寒，喜温暖湿润气候，长江流域及其以南地区栽培。不耐干旱，不耐水湿，喜深厚、排水良好的酸性土壤。生长较慢。

**园林用途** 枝叶繁茂，周年常绿，冬季叶色可变紫红，也颇具特色。园林中常点缀于林缘、道旁或建筑旁观赏，也常作为防火树种进行配置。

**应用要点** 厚皮香枝叶茂密，对有害气体的抗性强，可用作厂矿绿化的防护树种。喜酸性土壤，在中性至微碱性土壤中也能生长。

## 秃瓣杜英

**学名** *Elaeocarpus glabripetalus* Merr.

**科属** 杜英科、杜英属

**识别特征** 常绿乔木，株高可达 15 m。单叶互生，半革质，倒披针形，基部窄而下延，边缘有小钝齿；总状花序生于上年生老枝，花白色，萼片 5，披针形，花瓣 5，先端撕裂成 15 ~ 20 条，雄蕊 20 ~ 30，花药顶端有毛丛，花盘、子房、花柱被毛，花期 6—7 月。核果椭圆形，果期 10—11 月。

**生态习性** 喜光，稍耐阴。稍耐寒，喜温暖湿润气候，浙江、上海可露地越冬。喜排水良好、湿润、肥沃的酸性土壤，不耐积水，不耐盐碱性土壤。生长速度中等。对二氧化硫抗性强。

**园林用途** 树干通直，树形优美，叶色常绿；深秋季节，当年生新叶变红，极为鲜艳。园林中可用作行道树、庭院树，植于草坪、坡地、林缘、庭前和路口皆可，也可栽培作其他花木背景树。

**应用要点** 秃瓣杜英对土壤的酸碱性和通透性较敏感，种植宜选酸性、排水良好的地点。

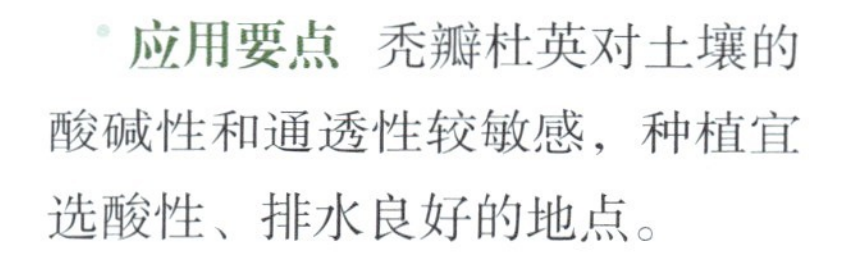

秃瓣杜英的植株、叶、花和果实

## 云锦杜鹃 · 又称天目杜鹃

**学名** *Rhododendron fortunei* Lindl.

**科属** 杜鹃花科、杜鹃花属

**识别特征** 常绿灌木或小乔木，株高可达6 m。单叶互生，常簇生枝端，革质，长圆形至长圆状椭圆形，长10～18 cm，基部圆或平截，先端钝尖，全缘，两面无毛。总状花序顶生着花6～12朵，花冠漏斗状，7裂，粉红色，雄蕊14，花期5月。

云锦杜鹃的植株和花

**生态习性** 喜半阴，不耐晒。稍耐寒，喜温暖湿润气候，中国长江流域及其以南地区可栽培。不耐干旱，不耐水湿，喜肥沃的酸性至微酸性土壤。

**园林用途** 枝叶繁茂，周年常绿，花大色艳，开花繁茂，花开时节灿若云霞。宜植于林缘，或光线充足的林间空地观赏。

**应用要点** 云锦杜鹃喜光照充足，但忌夏季高温酷热，夏季炎热地区，宜植于有侧方庇荫、湿度较高、空气流通良好处。



## 大叶桂樱 · 又称大叶稠李、驳骨木、大驳骨、大叶野樱

**学名** *Laurocerasus zippeliana* (Miq.) Yü

**科属** 蔷薇科、桂樱属

**识别特征** 常绿乔木，高可达25 m。单叶互生，叶革质，椭圆形至卵圆形，深绿色有光泽，叶缘有稀疏小锯齿。总状花序腋生，被短柔毛；花萼被柔毛，萼筒钟形，萼片卵状三角形；花瓣近圆形，白色；花期4月。核果长圆形至椭圆形，顶端具短尖头，熟时黑褐色，果期冬季。

**生态习性** 喜光，稍耐阴。稍耐寒，喜温暖湿润气候，产于中国秦岭以南地区。不耐水湿，喜酸性至中性土壤，不耐盐碱性土壤。生长较慢。

**园林用途** 枝叶茂密，叶色青翠，春季满树白花，秋冬季节，绿叶间点缀黑褐色果实，具有较高的观赏价值。园林中可点缀庭院观赏，可丛植于草坪、绿化带中作常绿背景树，也可植于樱花园中增加冬季绿色。

**应用要点** 园林中栽培应用较少，可大力推广。因其生长较慢，移栽时应尽量少作截枝或截干修剪。

大叶桂樱的植株、叶和果实

## 石楠 · 又称山官木、水红树

**学名** *Photinia serratifolia* (Desf.) Kalkman

**科属** 蔷薇科、石楠属

**识别特征** 常绿灌木或小乔木，高 6 ~ 12 m。单叶互生，叶革质，长椭圆形、长倒卵形或倒卵状椭圆形，边缘有锯齿，近基部全缘。复伞房花序顶生，萼片阔三角形，花瓣近圆形，白色；花期 4—5 月。梨果球形，熟时红色或褐紫色，果期 10—12 月。

**生态习性** 喜光，稍耐阴。稍耐寒，在河南焦作、陕西西安及山东等地能露地越冬。土壤适应性强，在酸性至中性土壤中均能生长。深根性。萌芽力强，耐修剪，对烟尘和有毒气体有一定的抗性。

**园林用途** 枝繁叶茂，圆形树冠，终年常绿，春季嫩叶紫红，初夏满树白花，秋冬季红果累累。常点缀于庭院观赏，也可丛植作为背景，还可用作绿篱。

**应用要点** 石楠开花时气味浓烈，在居住区或庭院中应控制其数量。萌蘖力强，作为绿篱栽植应注意按时修剪保持形状。

石楠的植株、叶、花和果实

## 红叶石楠 · 又称红罗宾石楠

**学名** *Photinia* ‘Red Robin’

**科属** 蔷薇科、石楠属

**识别特征** 常绿灌木或小乔木，株高可达5 m。单叶互生，叶片革质，长倒卵形，先端突尖至渐尖，基部楔形，叶缘有细锯齿，两面无毛。复伞房花序顶生，花瓣圆形，白色，花期4—5月。梨果球形，熟时红色，果期9—10月。

**生态习性** 喜光，稍耐阴。稍耐寒，喜温暖湿润气候，长江流域及其以南地区广泛栽培。稍耐干旱，不耐水湿。对土壤要求不严，微酸性至微碱性土壤中均能生长。萌芽力强，耐修剪。

**园林用途** 红叶石楠枝繁叶茂，早春新叶亮红，十分壮观，初夏白花盛开，秋末红果累累，叶、花、果均可观赏，为著名春色叶树种。园林中常用作绿篱或彩叶模块材料，也可修剪成球形点缀园林，还可作丛生灌木或小乔木栽培。

**应用要点** 红叶石楠的新叶红艳，修剪得当，一年可观赏两次红叶，常于夏季高温生长停滞结束前修剪，可再次观赏壮观的红叶。

红叶石楠的叶背主脉（上左）、叶片背面（中）、篱植（上右）和开花植株（下）

## 椤木石楠 · 又称椤木、贵州石楠

**学名** *Photinia bodinieri* Lévl.

**科属** 蔷薇科、石楠属

**识别特征** 常绿乔木，高6 ~ 15 m。常具枝刺；单叶互生，叶片革质，长圆形至倒卵状披针形，叶缘有细锯齿。复伞房花序顶生；花序梗、花柄、花萼、花柱均贴生柔毛，花瓣圆形，白色，花期5月。梨果球形或卵形，熟时红色，果期9—10月。

**生态习性** 喜光，稍耐阴。稍耐寒，喜温暖湿润气候，长江流域及其以南地区生长良好。耐干旱瘠薄，不耐水湿。萌芽力强，耐修剪。生长较慢。

**园林用途** 椤木石楠枝繁叶茂，树冠圆球形，早春嫩叶绛红，初夏白花点点，秋末果实累累，其叶、花、果均可观赏，是中国长江流域及南方的适宜园林树种。常用作行道树及庭荫树。

**应用要点** 椤木石楠生长较慢，截枝后树冠恢复较慢，移栽时宜大土球、轻修剪。对有害气体抗性强，可用于工矿区配植。

椤木石楠的植株、枝刺、叶和果实

## 花榈木·又称花桐、花梨木

**学名** *Ormosia henryi* Prain

**科属** 豆科、红豆属

**识别特征** 常绿乔木，株高可达16 m。小枝、叶轴、花序密被茸毛。奇数羽状复叶，小叶革质，椭圆形或长椭圆形，边缘微反卷，上面无毛，下面及叶柄均密生黄褐色茸毛。圆锥花序，花黄白色，花期7—8月。荚果，种子红色。果期10—11月。

**生态习性** 喜光，稍耐阴。稍耐寒，喜温暖湿润气候，分布于长江以南地区，上海可露地越冬。不耐干旱，喜肥沃湿润的微酸性土壤，不耐盐碱性土壤。生长较慢。

**园林用途** 树形优美，叶色常绿，种子红艳。可在庭院中孤植或群植观赏，也可作行道树或庭荫树、庭院观赏树。材质优良，为名贵木材，可作用材树种。

**应用要点** 花榈木分枝较低，侧枝粗壮，抚育时要注意整形修枝。易倒伏，抚育管理也应在苗木旁插竹捆绑，以促主干垂直生长，形成优良干材。

花榈木的植株、叶、花和幼果

## 黄金香柳·又称千层金、黄金串钱柳

**学名** *Melaleuca bracteata* 'Revolution Gold'

**科属** 桃金娘科、白千层属

**识别特征** 常绿灌木或小乔木，株高可达6 m。小枝微红色，被柔毛。单叶互生，革质，披针形，长1～2 cm，两端尖，全缘，无中脉，无柄。穗状花序顶生，萼管卵形，5裂；花瓣5，白色，雄蕊合生成5束，花期6—8月。

**生态习性** 喜光，稍耐阴。稍耐寒，喜温暖湿润气候，上海地区可露地越冬。耐干旱，不耐水湿，对土壤要求不严，微酸性至微碱性土壤中均能生长。

**园林用途** 枝叶纤细，柔软下垂，叶色金黄，树姿优美。园林中可作为彩叶灌木点缀于绿地中观赏，也可修剪成球形作对植或列植布置，还可盆栽观赏。

**应用要点** 黄金香柳具有一定的抗盐碱、耐强风的特性，适合用于海滨及人工填海造地的绿化种植。

黄金香柳的植株和小枝

## 香港四照花 · 又称山荔枝

**学名** *Cornus hongkongensis* Hemsl.

**科属** 山茱萸科、四照花属

**识别特征** 常绿乔木或灌木，高 5 ~ 15 m。幼枝被褐色短柔毛，老枝无毛；单叶对生，革质，椭圆形或长椭圆形，基部楔形或宽楔形，幼时两面被褐色短柔毛，下面具褐色残点，侧脉 3 ~ 4 对，弧状上升。头状花序球形，总苞片白色，宽椭圆形或倒卵状椭圆形，长 2.8 ~ 4 cm，两面近无毛，花期 5—6 月；聚合果球形，熟时黄色或红色，果期 11—12 月。

**生态习性** 喜阴，不耐晒。稍耐寒，喜温暖湿润气候，浙江、上海可露地越冬。喜排水良好的酸性土壤，不耐盐碱性土壤，不耐水湿。生长较慢。

**园林用途** 枝叶繁密，花形独特，初夏时节满树繁花，先绿渐白，秋季红果满树，形似荔枝，观叶、观花、观果俱佳。可植于庭院观赏，可孤植或丛植。果可食用、酿酒。

**应用要点** 本属观赏种类较多，本种与秀丽四照花（*C. hongkongensis* subsp. *elegans*）近似，秀丽四照花叶片稍窄，下面带白色，无毛。香港四照花萌枝力较差，不宜行重剪，保持自然圆整树形即可。香港四照花不耐晒，宜植于有侧方庇荫处。

香港四照花的植株、叶、花和果实

## 冬青卫矛·又称大叶黄杨、正木

**学名** *Euonymus japonicus* Thunb.

**科属** 卫矛科、卫矛属

**识别特征** 常绿灌木或小乔木，株高可达8 m。小枝绿色，具4棱。单叶对生，革质，倒卵形或椭圆形，先端圆钝，基部楔形，缘有细锯齿。聚伞花序腋生，花部4数，绿白色，花期5—6月。蒴果扁球形，粉红色，假种皮橘红色，果期9—10月。

**生态习性** 喜光，稍耐阴。耐寒，喜温暖湿润气候，黄河以南地区可种植。耐干旱，耐瘠薄，不耐水湿，喜肥沃、湿润、排水良好的微酸性至中性土壤。生长较快，萌芽力强，极耐修剪。

**园林用途** 枝叶稠密，叶色亮绿，四季常青，园艺品种众多，叶色多变。园林中常栽培用作绿篱或植物模块，也常修剪成球形或各种绿雕造型，列植于道路两侧绿化带中观赏。

**应用要点** 常用的园艺品种有金边大叶黄杨（*E. japonicus* 'Aureo-marginatus'）、银边大叶黄杨（*E. japonicus* 'Albo-marginatus'）、金心大叶黄杨（*E. japonicus* 'Aureo-pictus'）、金斑大叶黄杨（*E. japonicus* 'Aureo-variegatus'）、银斑大叶黄杨（*E. japonicus* 'Argenteo-variegatus'）等。

金心大叶黄杨（上、中）和金边大叶黄杨（下）的植株、叶

## 冬青 · 又称冻青

**学名** *Ilex chinensis* Sims

**科属** 冬青科、冬青属

**识别特征** 常绿乔木，高达13 m。单叶互生，薄革质，椭圆形或披针形，边缘具圆齿。复聚伞花序腋生，花部4～5基数，花萼裂片宽三角形，花瓣卵形，紫色，花期5月。核果球形，熟时红色，果期11月。

**生态习性** 喜光，稍耐阴。稍耐寒，喜温暖气候，长江流域可露地越冬。喜肥沃湿润、排水良好的酸性土壤，不耐盐碱性土壤。对二氧化碳抗性强。生长较慢。

**园林用途** 枝繁叶茂，四季常青，秋冬季节，满树红果，极为醒目。宜于草坪上孤植，或点缀于门庭、墙边、园道两侧，还可列植于绿化带中或广场边。

**应用要点** 冬青为雌雄异株树种，作观果栽培时，应注意雌雄株搭配。冬青生长极慢，截干后恢复较慢，移栽时宜带大球，不可重剪。

冬青的植株、叶、花和果实

## 铁冬青 · 又称救必应、熊胆木

**学名** *Ilex rotunda* Thunb.

**科属** 冬青科、冬青属

**识别特征** 常绿乔木，高可达20 m。单叶互生，革质光滑，卵形、倒卵形或椭圆形，全缘，稍反卷。雌雄异株，伞形花序腋生，花小，黄白色，花期3—4月。核果球形，柱头宿存，熟时红色或黄色，果期10—12月。

**生态习性** 喜光，也耐阴。稍耐寒，主产于中国长江流域以南，日本、朝鲜有分布。耐干旱，耐瘠薄，喜湿润、排水良好酸性至中性土壤。生长较慢。

**园林用途** 铁冬青四季常青，枝叶繁茂，果熟时红果累累，赏心悦目，是观叶与观果俱佳的树种。宜孤植于庭院观赏，也可丛植或群植于草坪或绿化带中，还可列植作行道树。

**应用要点** 铁冬青为雌雄异株树种，应雌雄搭配方可结果繁茂。尚无园艺品种，实生苗结果差异较大，列植作行道树时，宜仔细挑选果期、果色一致的苗木。

铁冬青的植株、叶、果枝和果实

## 大叶冬青·又称大苦酊、宽叶冬青

**学名** *Ilex latifolia* Thunb.

**科属** 冬青科、冬青属

**识别特征** 常绿乔木，高达20 m。单叶互生，厚革质，叶长圆形或卵状长圆形，疏生锯齿。雌雄异株；聚伞花序簇生叶腋，圆锥状；花淡黄绿色，4基数；花期4月。核果球形，熟时红色，果期9—10月。

**生态习性** 喜阴，忌强光暴晒。稍耐寒，喜温暖湿润气候，产于中国长江下游至华南地区，日本也有分布。喜湿润、排水良好酸性土壤。较耐寒。萌蘖性强。生长较快。

**园林用途** 大叶冬青树干通直，枝叶繁茂，树形优美，秋季果实由黄色变为橘红色，挂果期长，十分美观。园林中可点缀于庭院中观赏，也可丛植于绿化带或道路侧作背景，还可作行道树。嫩叶为制作苦丁茶的原料，具有很高的经济价值。

**应用要点** 大叶冬青喜酸性土壤，不耐盐碱性土壤，幼龄喜荫蔽，需一定的侧方遮阴。

大叶冬青的植株、果枝、叶和果实

## 黄杨 · 又称瓜子黄杨

**学名** *Buxus sinica* ( Rehd. et Wils. ) Cheng

**科属** 黄杨科、黄杨属

**识别特征** 常绿灌木或小乔木，株高可达7 m。单叶对生，倒卵形或倒卵状椭圆形，先端圆钝或微凹，基部楔形，全缘。花单性同株，簇生叶腋或枝端，无花瓣，雄花萼片、雄蕊各4，雌花萼片4~6，黄绿色，花期4月。蒴果，果期7月。

**生态习性** 喜半阴，不耐晒。稍耐寒，喜温暖湿润气候，北京以南至长江流域广泛栽培。不耐干旱，不耐水湿，喜湿润、排水良好的微酸性至中性土壤。生长缓慢，萌芽力强，耐修剪。

**园林用途** 枝叶细密，叶色翠绿，周年常绿。园林中常栽培用作绿篱或花坛的镶边材料，也常修剪成球形或制作各种绿雕造型，还是制作盆景的传统材料。

**应用要点** 同属常用的种类还有雀舌黄杨（*B. bodinieri*），又称细叶黄杨、匙叶黄杨，叶较狭长，倒披针形或倒卵状长椭圆形。

黄杨（上）和雀舌黄杨（下）的植株、叶

## 樟叶槭 又称革叶槭、樟叶枫、桂叶槭

**学名** *Acer coriaceifolium* Lévl.

**科属** 槭树科、槭属

**识别特征** 常绿乔木，株高 10 ~ 20 m。单叶对生，叶革质，长圆状披针形或披针形，全缘；上面绿色，无毛，下面被淡黄褐色绒毛，常有白粉和柔毛。伞房花序顶生，雄花与两性花同株，具柔毛；萼片淡绿色，长圆形，花瓣淡黄色，倒卵形，雄蕊长于花瓣，花期 3 月。翅果长 3 ~ 3.5 cm，果翅张开成钝角。果期 7—9 月。

**生态习性** 喜光，稍耐阴。稍耐寒，喜温暖湿润气候，上海地区可露地越冬。不耐水湿，喜湿润排水良好土壤，不耐盐碱性土壤。生长速度中等。

**园林用途** 四季常绿，树形、叶形与樟树很相似，但叶极密集，树荫浓密，遮阴良好，是一种优良的庭院树和行道树种。适于丛植或群植，可作早春花灌木或园林小品、雕塑的背景，也是良好的山地风景林树种。

**应用要点** 樟叶槭耐寒性较差，遇极端天气易遭受冻害，上海地区宜布置于小气候良好处。

樟叶槭的植株、叶、花和果实

## 柑橘 · 又称桔子、橘子

**学名** *Citrus reticulata* Blanco

**科属** 芸香科、柑橘属

**识别特征** 常绿小乔木，株高可达 5 m。单身复叶互生，革质，叶柄近无翼，叶片卵状披针形，长 4 ~ 8 cm，基部楔形，先端渐尖，全缘或具钝齿。花单生或 2 ~ 3 朵簇生叶腋，白色，花期 4—5 月。柑果扁球形，中空，熟时橙红色，果期 10—11 月。

**生态习性** 喜光，稍耐阴。稍耐寒，喜温暖湿润气候，中国长江流域以南地区栽培。不耐干旱，不耐水湿，喜肥沃、排水良好的微酸性土壤。

**园林用途** 枝叶繁茂，叶色浓绿，春季绿叶白花，芳香浓郁，秋季黄果绿叶。柑橘为著名亚热带果树，也可植于园林观赏，观叶、观花、观果。

**应用要点** 柑橘喜光照充足，不宜过度密植，光照不足会导致少开花、结果少。柑橘易患溃疡病、炭疽病，也易受螨类、潜叶蛾等危害，须加强防治。

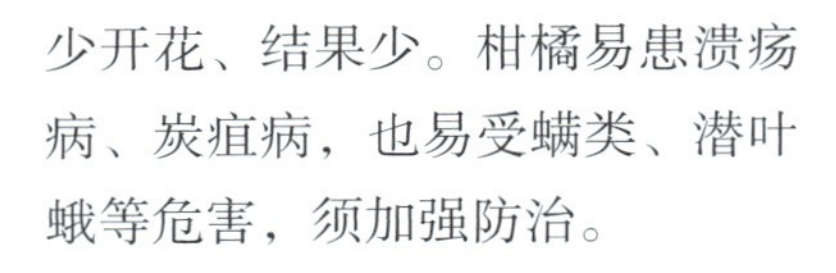

柑橘的植株、叶、花和果实

## 柚 · 又称文旦、香泡

**学名** *Citrus maxima*（Burm）Merr.

**科属** 芸香科、柑橘属

**识别特征** 常绿乔木，株高 5～10 m。嫩枝、叶背、花梗、花萼均被柔毛，嫩枝扁且有棱。单身复叶，互生，阔卵形或椭圆形，全缘。总状花序，花萼不规则 5～3 浅裂，花瓣 5，白色，花期 4—5 月。柑果圆球形、扁圆形或梨形，熟时，黄绿色，果期 9—12 月。

**生态习性** 喜光，稍耐阴。稍耐寒，喜温暖湿润气候，上海地区可露地越冬。不耐干旱，喜湿润而排水良好酸性至中性土壤。深根性，生长较慢。

**园林用途** 树形呈伞状，叶形独特，叶色深绿，果实硕大，满树白花，有香味。果实为著名传统水果，也可植于园林观赏，可作庭荫树或行道树。

**应用要点** 柚树势高大，树冠开张不抗风，尤其在果实膨大期威胁较大，易起大量落果。易受溃疡病和螨类危害，栽培中应注意及时防治。

柚的植株、叶、花和果实

## 蟹橙 · 又称香橙

**学名** *Citrus* × *junos* Sieb. ex Tanaka

**科属** 芸香科、柑橘属

**识别特征** 常绿小乔木，株高6 m。枝细长，具有粗长刺。单身复叶，互生，厚纸质，长卵形或椭圆形，具浅波状钝齿；花单生叶腋，白色，有香味，花期4—5月；柑果扁圆或近似梨形，熟时黄色，果期10—11月。

**生态习性** 喜光，稍耐阴。稍耐寒，喜温暖湿润气候，长江流域生长良好。耐干旱，抗病，稍耐抗碱，对土壤要求不严，以排水良好而深厚的砾质、砂质壤土及黏质土为宜。

**园林用途** 枝叶稠密，周年常绿，春季开白花，有香味，秋冬季节，黄果累累，经冬不掉，果期极长。园林中可丛植、孤植于草地边缘，或密植作绿篱。果皮可作蜜饯，亦可入药。还可作柑橘的砧木。

**应用要点** 蟹橙果味酸，果期极长，适合作观赏栽培，枝刺较尖锐，种植的地点和环境须认真考虑。

蟹橙的植株、枝和果实

## 女贞 · 又称大叶女贞

**学名** *Ligustrum lucidum* Ait.

**科属** 木犀科、女贞属

**识别特征** 常绿乔木，高可达25 m。单叶对生，革质，卵形、长卵形至宽椭圆形，先端锐尖至渐尖或钝，基部圆形或近圆形，全缘。圆锥花序顶生，花无梗或近无梗，花萼与花冠筒近等长，花冠筒较花萼长两倍，雄蕊长达花冠裂片顶部，白色，花期5—7月；果肾形或近肾形，被白粉，熟时呈蓝黑色，果期7月至翌年5月。

**生态习性** 喜光，稍耐阴。耐寒，北京地区可露地越冬。耐水湿，土壤适应性强，喜肥沃、微酸性至中性土壤，稍耐盐碱性土壤。为深根性树种，生长较快。

**园林用途** 四季常绿，叶色苍翠，初夏时节，满树白花，香味浓烈，秋季满树蓝黑果实，也具有观赏性。可作庭院树种，也可作行道树。繁殖容易，常用作桂花的砧木。果实也是传统中药材。

**应用要点** 枝叶稠密，结实繁茂，多雨地区易风折或树冠偏倒，花后应剪除过多果实。喜肥，不耐瘠薄，栽培中以深厚、肥沃、腐殖质含量高的土壤中生长良好。

女贞的植株、花序和果实

## 桂花 · 又称岩桂、木犀

**学名** *Osmanthus fragrans* Lour.

**科属** 木犀科、木犀属

**识别特征** 常绿乔木或灌木，株高 3 ~ 5 m，树冠圆球形或广卵形。单叶，对生，叶片革质，椭圆形至椭圆状披针形，通常全缘或上半部具细锯齿；叶腋常具 2 ~ 3 叠生芽。聚伞花序顶生或腋生，花萼不整齐，花冠裂片 4，黄白色、淡黄色、黄色或橘红色，极芳香，花期 9—10 月。核果椭圆形，熟时呈紫黑色，果期翌年 3 月。

**生态习性** 喜光，稍耐阴。稍耐寒，喜温暖湿润气候，淮河以南地区广泛栽培。喜湿润、土层深厚、疏松肥沃、排水良好的微酸性砂质壤土，也有一定的耐干旱能力，不耐盐碱性土壤。

**园林用途** 枝叶繁茂，叶色浓绿，株形圆整，花香馥郁，为我国传统赏花香树种。常孤植点缀于庭院观赏，也可对植于堂前，或列植于绿化带中，配植形式多样。桂花香气甜美，可用于食用或提取香精。

**应用要点** 桂花园艺品种较多，按照花色可以分为银桂、金桂、丹桂等，按照花期还可以分为四季桂、早银桂等。桂花适宜栽植在通风透光的地方，否则易出现偏冠现象；喜欢洁净通风的环境，不耐烟尘危害，受危害后往往不能开花。

桂花的植株、花枝和花

## 法国冬青 · 又称日本珊瑚树、珊瑚树、早禾树

**学名** *Viburnum odoratissimum* Ker. -Gawl.

**科属** 忍冬科、荚蒾属

**识别特征** 常绿灌木或小乔木，株高 10 m 左右。单叶对生，革质，长椭圆形，较狭，全缘或上部有不规则波状钝齿；圆锥花序顶生，花冠裂片短于筒部，白色，花期 5—6 月。核果，倒卵状，果期 9—10 月。

**生态习性** 喜光，稍耐阴。稍耐寒，喜温暖湿润气候，长江流域可露地越冬。喜湿润、肥沃的中性土壤，酸性和微酸性土壤均能适应。生长较快。抗烟尘能力强。

**园林用途** 枝叶茂密，周年常绿，春天开白花，夏秋果实变红，花、叶、果俱佳。根系发达，萌芽力强，耐修剪，常作绿篱或高篱栽培，也可丛植作常绿背景树。对煤烟和有毒气体具有较强的抗性，可用于城市、工业区、交通要道作防护栽培。

**应用要点** 抗逆性强，生长快，耐修剪，作绿篱栽培时，应注意修剪，常于春夏之交整形修剪一次，秋季可根据不同的绿化需求进行修剪。病虫害较少，有刺蛾或蚜虫，须注意对虫害的防治。

法国冬青的植株、花序和果实

## 棕榈 · 又称棕树

**学名** *Trachycarpus fortunei* (Hook.) H. Wendl.

**科属** 棕榈科、棕榈属

**识别特征** 常绿乔木，株高可达 7 m。干圆柱形，不分枝。叶集生茎端，近圆形，深裂，裂片先端两裂，叶柄两侧具细圆齿；雌雄异株，圆锥花序顶生，多分枝，黄绿色，花期 4 月。果实阔肾形，有脐，熟时蓝色，有白粉，果期 12 月。

**生态习性** 喜光，稍耐阴。稍耐寒，喜温暖湿润的气候，北京以南地区可栽培。喜排水良好、湿润肥沃的中性、石灰性或微酸性土壤，不耐盐碱性土壤。生长较快。

**园林用途** 主干挺拔，叶形独特，花、叶、果皆有观赏价值。常植于园林观赏，最适宜植于草坪或水岸边，列植、丛植或成片栽植皆可，也常作盆栽。适应性强，能抗多种有毒气体，可作工厂和市区绿化树种。棕皮具有一定经济价值。

**应用要点** 棕榈抗逆性较强，但不耐大温差，在昼夜温差较大处须注意夜间保暖和日间防晒。不耐水涝，需要注意根部排水，避免植于低洼处，栽种不宜过深。

棕榈的植株、叶、花序和果实

## 华棕 · 又称丝葵、老人葵、加州蒲葵

**学名** *Washingtonia filifera* (Lind. ex Andre) H. Wendl

**科属** 棕榈科、丝葵属

**识别特征** 常绿乔木，株高可达 20 m。茎干不分枝。叶集生茎端，径达 1.8 m，掌状中裂，裂片边缘有垂挂的纤维丝，先端开裂，不下垂；大型肉穗花序，花两性，乳白色，花期 7 月。核果球形，熟时黑色，果期冬季。

**生态习性** 喜光，不耐阴。稍耐寒，喜暖热气候，上海地区可露地越冬。对土质要求不严，砂质壤土、微酸性土壤及石灰质土壤中均可种植。

**园林用途** 成年树体高大雄伟，冠形优美，叶大如扇，四季常青。应用场景广阔，可丛植于草坪观赏，更宜作为行道树列植于道路两侧或广场边，营造出绮丽多姿的热带、亚热带风光。

**应用要点** 耐寒性稍差，遇严寒天气应注意树体防冻。生长初期应加强抗倒伏措施，并提供充足的水肥。

华棕的植株、叶和叶柄



## 加拿利海枣 · 又称加纳利海枣、加那利海枣

**学名** *Phoenix canariensis* Chabaud

**科属** 棕榈科、刺葵属

**识别特征** 常绿乔木，株高可达 18 m。茎干不分枝。大型羽状复叶集生茎端，长可达 6 m，叶具波状痕，基部小叶成刺状，小叶在中轴上排成数行；肉穗花序自叶间抽出，长可达 2 m，花黄褐色，花期 4—5 月；浆果，球形至长椭圆形，先端微突，9—10 月果熟。

**生态习性** 喜光，不耐阴。稍耐寒，喜温暖湿润气候，上海地区可露地越冬。对土质要求不严，稍耐盐碱、贫瘠土壤。生长较快。

**园林用途** 主干粗壮，树势雄伟，树形优美。宜丛植于开阔草坪观赏，也可对植于道路入口两侧或建筑前，或者列植于广场边。

**应用要点** 耐热性强，耐寒性稍差，冬季应注意防寒。夏天须增大浇水量，冬天须控制土壤湿度。不耐水湿，应做好根部的排水，以避免根部腐烂。

加拿利海枣的植株、叶刺和果实

## 布迪椰子 · 又称弓葵

**学名** *Butia capitata* (Mart.) Becc.

**科属** 棕榈科、布迪椰子属

**识别特征** 常绿灌木或小乔木，株高可达6 m。羽状复叶集生茎端，蓝绿色，长2~3 m，叶轴弧形弯曲，小叶条形，长达70 cm，先端锐尖，柔软下垂，叶柄两侧具刺。花单性同株，佛焰花序腋生，长达1.5 m，花期6—7月。核果近球形，熟时橙红色，8—9月成熟。

**生态习性** 喜光，不耐阴。稍耐寒，喜温暖湿润气候，上海地区可露地越冬。耐干旱，不耐水湿，喜微酸性至中性土壤。生长较慢。

**园林用途** 茎干挺拔，叶轴呈优美的弧形，叶色苍翠，树姿美丽，结实繁茂，果色鲜艳。园林中常植于花台观赏，也可丛植于草坪，或列植于路侧绿化带中。

**应用要点** 布迪椰子是棕榈科耐寒性较强的种类之一，耐干热、干冷，还能适应滨海盐风，可用于滨海干热地区的海岸绿化。



布迪椰子的植株、叶、花和果实

## 毛竹

**学名** *Phyllostachys edulis* (Carrière) J. Houz.

**科属** 禾本科、刚竹属

**识别特征** 大型竹，竿高可达20 m，粗可达20 cm。新竿密被细柔毛，有白粉，老竿无毛，节下有白粉环；分枝以下竿环不明显，箨环隆起。箨鞘厚，密生黑色粗毛，有黑色斑块，笋期4月。

**生态习性** 喜光，不耐阴。稍耐寒，喜温暖湿润气候，分布于秦岭、汉水流域至长江流域以南。不耐积水，对土壤要求不严，喜土层深厚肥沃、湿润而排水良好的酸性土壤。生长快。

**园林用途** 竿形粗大，端直挺秀，清雅宜人。为园林结合生产的优良树种，宜于风景区、郊区营造竹林景观，竹笋为传统山珍，竹竿可用作建筑或制作竹器。

**应用要点** 毛竹竹鞭生长旺盛，入侵性强，园林中种植，宜做好阻根措施，防止串根。

毛竹的竹林、箨片、节和笋

## 桂竹 · 又称刚竹、五月季竹

**学名** *Phyllostachys reticulata* (Ruprecht) K. Koch

**科属** 禾本科、刚竹属

桂竹的竹竿、笋和箨片

**识别特征** 大型竹类，竿高可达20 m，粗达15 cm。幼竿无毛，无白粉；竿环、箨环均隆起；箨鞘黄褐色，密被黑紫色斑点或斑块，疏生硬毛；具箨耳和毛，箨片带状或三角形，边上橘红色，中间绿色。笋期5月下旬。

**生态习性** 喜光，不耐阴。稍耐寒，能耐－20 ℃低温，主产于长江流域。适应范围广，适生范围大，喜土层深厚、湿润、疏松、肥沃的砂质壤土。生长快。

**园林用途** 竹竿高大挺拔，常年碧绿如玉，可成片栽植配置竹海景观或宽阔竹径。竹材坚硬，篾性也好，为优良用材竹种；笋味微淡涩，可供食用。

**应用要点** 桂竹竹鞭发达，园林栽培观赏，宜做好根部隔离。为维持竹林健康，宜做好间伐和更新，砍掉老竹、小竹、劣竹，竹林郁闭度保留在0.8左右。

## 人面竹 · 又称罗汉竹、布袋竹

**学名** *Phyllostachys aurea* Carr. ex A. et C. Riv

**科属** 禾本科、刚竹属

**识别特征** 中小型竹种，竿高达 5 ~ 8 m、竿径可达 2 ~ 5 cm。下部节间不规则短缩或畸形肿大，或节环交互歪斜。新竿绿色，微有白粉，无毛，箨环有一圈细毛；竿环与箨环均微隆起，箨鞘无毛，上部两侧常焦边；无箨耳，箨舌短，先端截形或微呈拱形。笋期 4 月。

人面竹的竹竿、竹节、箨片

**生态习性** 喜光，不耐阴。稍耐寒，喜温暖湿润气候，多产于黄河流域以南地区。喜土层深厚、疏松、肥沃、排水良好的砂质壤土，不耐积水。生长较快。

**园林用途** 竿形奇特，肿大竹节如“和尚头”，是著名的观赏竹种。既可栽植于庭院观赏，也可用于盆栽。

**应用要点** 该竹种易种植成活，但难以繁殖。一般多用移竹造林加以繁殖。

## 紫竹

**学名** *Phyllostachys nigra* (Lodd.) Munro

**科属** 禾本科、刚竹属

**识别特征** 散生竹类，竿高可达 8 m。竿环与箨环均隆起。箨鞘背面红褐色，箨耳长圆形，紫黑色，箨舌拱形，紫色，箨片三角形，绿色，脉为紫色。幼竿绿色，密被细柔毛及白粉，一年生后，逐渐出现紫斑，最后全部变为紫黑色。笋期 4—5 月。

**生态习性** 喜光，不耐阴。耐寒，喜温暖湿润气候，北京可露地栽培。稍耐干旱，不耐水湿，不择土壤，在微酸性至微碱性土壤中也能生长。

**园林用途** 竹竿修长，竿色紫黑，绿叶紫竿，颇为奇特。园林中常片植成竹林观赏，也可小丛植于墙边，还可盆栽。竹笋可食。

**应用要点** 紫竹适应性极强，耐湿热也耐干冷，从北京地区到长江流域均可种植。

紫竹的竹林、箨片、节和笋

## 黄槽竹

**学名** *Phyllostachys aureosulcata* McClure

**科属** 禾本科、刚竹属

**识别特征** 散生竹类，竿高可达9 m。竿环高于箨环。竿绿色或黄绿色，分枝一侧纵槽黄色。箨鞘背面绿紫色，有黄色纵条纹，被薄白粉，箨耳紫褐色，边缘生繸毛，箨舌拱形或截形，紫色，边缘生白色纤毛，箨片三角形直立或外翻。笋期4—5月。

**生态习性** 喜光，不耐阴。耐寒，喜温暖湿润气候，北京可露地栽培。耐干旱，不耐水湿，喜疏松、肥沃而排水良好的微酸性至微碱性土壤。

**园林用途** 竹竿挺直，竿槽黄色，黄绿相间，颇为奇特。园林中常片植成竹林观赏，可与景石相配，成竹石小景。竹笋可食。

**应用要点** 常用品种有：金镶玉竹（*P. aureosulcata* 'Spectabilis'），竿金黄色，纵槽为绿色，为著名观赏竹种；黄竿京竹（*P. aureosulcata* 'Aureocaulis'），竿金黄色，纵槽也为金黄色。

黄槽竹（上）和黄竿京竹（中）的竿、节，以及金镶玉竹的竿、笋（下）

# 7.2 落叶乔木

## 7.2.1 落叶针叶类

### 金钱松

**学名** *Pseudolarix amabilis*（J. Nelson）Rehder

**科属** 松科、金钱松属

**识别特征** 落叶乔木，高达40 m。树冠宽塔形，树皮粗糙，灰褐色。枝平展，有长、短枝。叶条形，在长枝上螺旋散生，在短枝密集簇生，平展成圆盘形。球果卵圆形或倒卵圆形，有短梗。花期4月，球果10月成熟。

金钱松的植株和叶

**生态习性** 喜光，不耐阴。稍耐寒，喜温暖湿润气候，长江流域可露地越冬。喜湿润、肥沃、排水良好、土层深厚的酸性土壤，不耐盐碱性土壤。深根性，生长较慢。

**园林用途** 主干通直，树皮斑驳，短枝之叶簇生成圆盘状，形似古铜钱，颇具观赏性，为著名观赏树种。树姿优美，秋叶金黄，可作庭院树；枝叶阻燃，抗火灾危害性能较强，可作防火树种。

**应用要点** 金钱松喜光，单幼苗期宜适当荫蔽，随树体增大，须光性增强，设计配置应考虑其喜光特性。金钱松喜酸性土壤，不耐盐碱性土壤，在偏碱土壤中生长不良。

## 水杉 · 又称水杪

**学名** *Metasequoia glyptostroboides* Hu et W. C. Cheng

**科属** 杉科、水杉属

**识别特征** 落叶乔木，高达35 m。幼树树冠尖塔形，老树树冠广圆形；树干基部常膨大，枝条斜展，小枝对生或近对生，侧生小枝排成羽状。叶条形，对生，排列成羽状两列，冬季与枝一同脱落。球果近球形，具长柄；花期2月，果期11月。

水杉的植株和叶

**生态习性** 喜光，不耐阴。耐寒，北京地区可露地越冬。土壤适应性强，喜湿润、排水良好土壤。深根性，速生树种。

**园林用途** 主干笔直，树体高大挺拔，树形成规整的尖塔形，秋叶褐黄，具一定观赏性。最适于列植作行道树，也可孤植、丛植或片植，用于堤岸、湖滨、池畔和庭院等绿化。

**应用要点** 水杉树冠破坏后恢复困难，大苗移栽必须带大土球，不宜对枝条进行短截。



## 落羽杉 · 又称落羽松

**学名** *Taxodium distichum*（L.）Rich.

**科属** 杉科、落羽杉属

**识别特征** 落叶乔木，高达50 m。树皮棕色，长条状剥落。生叶短枝排成两列状。叶条形，互生，排列较稀疏，成长短较整齐的羽状两列。球果径约2.5 cm，具短梗，被白粉。花期3月，球果10月成熟。

**生态习性** 强阳性树种，喜光，不耐阴。稍耐寒，长江流域广泛栽培。耐水湿能力强，也耐轻度干旱，可在涝渍和瘠薄土壤上生长。生长快。

**园林用途** 主干通直，树形圆整，秋后树叶变为古铜色，是优良的秋色叶树种。江南水网地带常作四旁绿化树种和防护林树种，最宜列植，可作行道树，也可植于庭院观赏，孤植、丛植皆可。

**应用要点** 苗木侧根较少，主根长，起苗时须深挖多留根，栽植时应深穴深栽植，对提高幼树成活率和促进生长都有良好效果。

落羽杉的植株、叶和球果

## 池杉 · 又称池柏、沼落羽松

**学名** *Taxodium distichum* var. *imbricatum*（Nuttall）Croom

**科属** 杉科、落羽杉属

**识别特征** 落叶乔木，高达25 m。树干基部膨大，通常有屈膝状的呼吸根。大枝向上伸展，树冠窄，尖塔形。叶螺旋形着生，不成两列状，钻形，微内曲。球果圆球形或长圆球形，有短梗，向下斜垂。球果10月成熟。

**生态习性** 强阳性树种，不耐阴。稍耐寒，长江流域及其以南地区生长良好。耐湿性强，长期浸在水中也能正常生长，也具一定的耐干旱性。喜深厚、疏松、湿润的酸性土壤，不耐盐碱性土壤。生长较快。

**园林用途** 主干通直，枝条柔软下垂，树姿优美，水边种植易生膝状呼吸根，形成奇特的景观。耐水湿能力极强，常用作水体近岸绿化，可布置于滨水的低湿地带。

**应用要点** 虽然耐水湿能力强、可长期生长于水中，但幼苗期不宜淹水，应逐步增加水的深度。



池杉的植株、小枝、雄球花和果实

## 墨西哥落羽杉

**学名** *Taxodium mucronatum* Tenore

**科属** 杉科、落羽杉属

**识别特征** 落叶乔木，在原产地高达 50 m。树皮裂成长条片脱落；枝条水平开展，形成宽圆锥形树冠，小枝微下垂。叶扁平条形，互生，排列紧密，在小枝上排成羽状两列，小枝基部到先端的叶逐渐变短，相差悬殊。球果卵圆形。

**生态习性** 阳性树种，不耐阴。稍耐寒，喜温暖湿润气候，长江流域可露地越冬。耐水湿，喜湿润、排水良好土壤；具有一定耐盐碱能力。生长速度较快。

**园林用途** 主干通直，树体高大挺拔，枝条略下垂，枝叶细密，绿期较长，树姿优美。生长快，耐水湿，耐盐碱，可用于水网地带四旁绿化和生态造林，也可用于园林栽培观赏，作孤植、对植、丛植和群植皆可。

**应用要点** 可耐短期水淹，但以湿润、排水良好环境生长更佳。强阳性树种，遮光会导致枝条枯萎，损坏树冠。

墨西哥落羽杉的植株和小枝



## 水松

**学名** *Glyptostrobus pensilis* (Staunt. ex D. Don) K. Koch

**科属** 杉科、水松属

**识别特征** 落叶乔木，株高可达 8～10 m，树干基部膨大成柱槽状，有伸出土面或水面的呼吸根。叶三型：鳞叶较厚，长约 2 mm，螺旋状着生于多年生或当年生的主枝上；线形叶扁平，长 1～3 cm，着生于幼树一年生小枝或大树萌芽枝上，常排成两列；锥形叶，长 0.4～1.1 cm，着生于一年生短枝上。球果倒卵圆形，花期 1—2 月，球果秋后成熟。

**生态习性** 阳性树种，不耐阴。稍耐寒，喜温暖湿润的气候及水湿的环境，不耐低温，上海地区可露地越冬。耐水湿，对土壤的适应性较强，不耐盐碱性土壤。生长较快。

**园林用途** 树干通直，树冠规整，叶色亮绿，膝根发达，颇具观赏性。耐水湿能力强，常植于滨水、低湿地带观赏，可栽于河边、堤旁，作固堤护岸和防风之用。树形优美，也可作庭院树种，孤植、丛植、列植均可。

**应用要点** 幼苗初期抗逆性差，必须加强管理，耐水湿，但喜湿润、透气良好土壤。稍具耐寒性，可用于上海及其以南地区。

水松的锥形叶、线形叶和果枝

## 7.2.2 落叶阔叶类

### 银杏·又称白果、公孙树

**学名** *Ginkgo biloba* L.

**科属** 银杏科、银杏属

**识别特征** 落叶大乔木，株高达40 m。幼年树冠圆锥形。枝有长枝、短枝之分。叶扇形，于长枝上互生、短枝上簇生。雌雄异株，无花被，花期4—5月。种子核果状，椭圆形，熟时呈淡黄色或橙黄色，外被白粉，9—10月成熟。

**生态习性** 喜光，不耐阴。耐寒，从沈阳至广州均有栽培。耐干旱，不耐水湿，喜微酸性至中性土壤，不耐盐碱性土壤。深根性，生长较慢，寿命较长，有千年古树。

**园林用途** 为中国特产孑遗树种。树干通直，株形圆整，树姿雄伟，可作行道树、庭院树。秋叶亮黄，为中国著名秋色叶树种，列植观赏尤为壮观。果实可食用，宜炒食或作菜肴。

**应用要点** 种子肉质假种皮有毒，腐烂时具恶臭，作行道树种植时宜选用雄株。生长较慢，树干或主枝截断后恢复困难。





银杏的植株、雄球花、叶和种子

## 玉兰 · 又称白玉兰、望春、玉兰花

**学名** *Yulania denudata* (Desr.) D. L. Fu

**科属** 木兰科、玉兰属

**识别特征** 落叶乔木，株高可达 25 m。单叶互生，纸质，倒卵形到倒卵状椭圆形，叶柄上面具狭纵沟，托叶痕为叶柄长的 1/4 ~ 1/3。花单生枝端，花被片 9 片，白色，基部常带粉红色，花先开放，花期 2—3 月。聚合蓇葖果，种子红色，果期 8—9 月。

**生态习性** 喜光，稍耐阴。耐寒，华北地区背风向阳处可露地越冬。稍耐干旱，不耐水湿，喜湿润、排水良好的酸性土壤，不耐盐碱性土壤。生长较慢。

**园林用途** 先花后叶，花期早，早春时节，满树繁花，极为壮观。园林中常作观赏花木栽培，常点缀于庭院观赏，孤植、丛植皆可，常与海棠、牡丹配置成“玉堂富贵”的经典配置。

**应用要点** 玉兰为肉质根，不耐积水，种植地点应选排水良好处，否则易烂根。花对有害气体的抗性较强，可作防污染绿化树种。

玉兰的开花植株、花枝、花和叶

## 二乔玉兰 · 又称二乔木兰

**学名** *Yulania* × *soulangeana* (Soul.-Bod.) D. L. Fu

**科属** 木兰科、玉兰属

**识别特征** 落叶小乔木或灌木，株高可达10 m。单叶互生，纸质，倒卵形，先端短急尖，基部楔形，全缘，叶柄被短柔毛。花单生枝端，先叶开放，花被6～9，卵圆形，外轮3片较内轮短，浅红色至深红色，花期2—3月。蓇葖果卵圆形，果期9—10月。

**生态习性** 喜光，稍耐阴。耐寒，喜温暖湿润气候，北京有栽培。稍耐干旱，不耐积水，喜湿润、排水良好微酸性至中性肥沃土壤。生长较慢。

**园林用途** 先花后叶，花大色艳，早春时节繁花满树，十分壮观。为著名观赏花木，可广泛应用于各类园林绿地，孤植、丛植、群植皆可。

**应用要点** 二乔玉兰为肉质根，种植地点应选择地下水位低、排水良好的地点。此外，二乔玉兰须根少，移植时应尽量多带土球。

二乔玉兰的开花植株、花、叶和叶柄

## 星花玉兰 · 又称菊花玉兰、星玉兰、星花木兰

**学名** *Yulania stellata* (Maximowicz) N. H. Xia

**科属** 木兰科、玉兰属

**识别特征** 落叶灌木或小乔木，株高可达5 m。单叶互生，狭长椭圆形至倒披针形，先端钝圆或微凹，基部楔形，波状全缘。花单生枝端，先叶开放，花被12～18，长条形，白色至粉色，花期2—4月。

**生态习性** 喜光，不耐阴。稍耐寒，喜温暖湿润气候，青岛、大连、西安可露地越冬。不耐干旱，也不耐积水，喜深厚、肥沃、排水良好的微酸性土壤。生长较慢。

**园林用途** 花期早，先花后叶，花瓣细长，犹如菊花，十分新奇，是优良的花灌木。园林中可孤植点缀庭院，也可丛植于路旁或草地边缘。

**应用要点** 星花玉兰枝条纤细，萌芽力较弱，不适合重剪。

星花玉兰的开花植株、花和叶

## 鹅掌楸·又称马褂木

**学名** *Liriodendron chinense* (Hemsl.) Sarg.

**科属** 木兰科、鹅掌楸属

**识别特征** 落叶大乔木，高达40 m。小枝具环状托叶痕。单叶互生，叶端常截形，两侧各有一浅裂，酷似马褂，下面密生白粉状的乳头状凸起。花单生枝端，杯状，花被片倒卵形，绿色，有黄色纵条纹，花期4—5月。聚合果纺锤形，果期10月。

**生态习性** 喜光，不耐阴。稍耐寒，喜温暖湿润气候，产于中国长江流域以南地区。不耐干旱，忌低湿水涝，喜深厚、排水良好的微酸性土壤。生长较快。

**园林用途** 树干笔直，树体高大雄伟，叶形奇特，秋叶金黄。园林绿化中作行道树、庭荫树种，孤植、丛植、列植或片植皆可。生长快，是南方常用速生用材树种。

**应用要点** 鹅掌楸为肉质根，不耐水湿，栽培中应防止积水。

鹅掌楸的花、叶、树干和植株

## 北美鹅掌楸 · 又称百合木、北美马褂木

**学名** *Liriodendron tulipifera* L.

**科属** 木兰科、鹅掌楸属

**识别特征** 落叶大乔木，高可达 60 m。单叶互生，叶较宽短，叶片一般为 5 裂，近基部两对侧裂片，先端一裂片较短，常凹入。花大形似郁金香，花瓣淡黄绿色，内侧近基部橙红色，花期 5 月。聚合果纺锤形，果期 9—10 月。

**生态习性** 喜光，不耐阴。稍耐寒，中国青岛、庐山、南京等地有栽培。不耐干旱，忌水湿，喜深厚、排水良好酸性土壤。生长较快。

**园林用途** 树干挺直，树体高大，花朵美丽，花形酷似郁金香，被称为“郁金香树”。园林绿化中可作行道树、庭荫树，为著名的行道树，秋季叶变金黄色，可作秋色叶树种。材质优良，可作用材林树种。

**应用要点** 著名园艺品种金边鹅掌楸（*L. tulipifera* ‘Variegatum’），新叶边缘有金黄色镶边。

与鹅掌楸类似，肉质根，不耐水湿，栽培中应防止积水。

金边鹅掌楸的植株、树干、叶和花

## 二球悬铃木·又称英国梧桐

**学名** *Platanus acerifolia* (Aiton) Willd.

**科属** 悬铃木科、悬铃木属

**识别特征** 落叶大乔木，高可达35 m。树冠广阔，呈长椭圆形。树皮灰绿或灰白色，不规则片状剥落。单叶互生，近三角状，边缘有不规则尖齿和波状齿，基部截形或近心脏形，嫩时有星状毛，后近于无毛。头状花序球形，花期4—5月；球果下垂，通常两球一串，果期9—10月。

**生态习性** 喜光，不耐阴。耐寒，喜湿润温暖气候，北京地区可露地越冬。喜微酸性至中性、排水良好的土壤，微碱性土壤中虽然能生长，但是易发生黄化。生长较快。对二氧化硫、氯气等有毒气体有较强的抗性。

**园林用途** 主干通直，冠大荫浓，树体雄伟，是世界著名的行道树。适应性强，耐修剪，广泛应用于城市绿化，可孤植于草坪或旷地，也列植于道路或广场，还可用作厂矿绿化。

**应用要点** 本属三种常被统称悬铃木，三种区别之处在于：悬铃木［*P. acerifolia* (Aiton) Willd.］，果序多为二球，叶5～7掌状深裂，树皮薄片状剥落；一球悬铃木（*P. occidentalis* L.），又称美桐，果序多为一球，叶多为三浅裂，树皮小方块状裂，不易剥落；三球悬铃木（*P. orientalis* L.），又称法桐，果序多为三球，叶5～7掌状深裂，中央裂片长度大于宽度，树皮薄片状脱落。

悬铃木果序开裂飞絮是其应用中的一个主要问题，可通过加强修剪进行控制，或通过选育少果的品种从根本上解决问题。

一球悬铃木（上）、三球悬铃木（中）的叶、果实和二球悬铃木（下）的植株、果实

## 枫香 · 又称枫香树、枫树

**学名** *Liquidambar formosana* Hance

**科属** 金缕梅科、枫香树属

**识别特征** 落叶乔木，株高可达 30 m。单叶互生，薄革质，掌状 3 裂，中央裂片较长，基部心形，裂片先端尾状渐尖，缘有齿。花单性同株，雄花短穗状花序，雌花头状花序，花期 3—4 月。蒴果集生成头状果序，果期 10 月。

**生态习性** 喜光，稍耐阴。稍耐寒，喜温暖湿润气候，主产于长江流域以南地区。耐干旱瘠薄，不耐水涝，喜湿润、深厚、肥沃、排水良好的土壤。深根性。生长较慢。

**园林用途** 主干通直，树冠广圆形，树形挺拔，深秋叶色红艳，美丽壮观。园林观赏可作庭荫树，也可与其他种类配植形成混交树丛，可孤植、丛植或群植，也可列植作行道树。

**应用要点** 枫香不耐修剪，大树移植比较困难，为确保栽培成活，应选多次移栽苗。

枫香的植株和叶



## 北美枫香 · 又称胶皮枫香树

**学名** *Liquidambar styraciflua* L.

**科属** 金缕梅科、枫香树属

**识别特征** 落叶乔木，株高可达 30 m。树干挺直，株形伟岸。幼年树冠塔状，成年后广卵形。小枝常有木栓质翅。单叶互生，宽卵形，掌状 5 ~ 7 裂，背面主脉有明显白簇毛。花单性同株，花期 3—4 月。蒴果集生成头状果序，果期 10 月。

**生态习性** 喜光，稍耐阴。稍耐寒，长江流域可露地越冬。不耐干旱，也不耐水湿，喜深厚、湿润、排水良好的微酸性土壤。深根性。生长速度中等。

**园林用途** 主干笔直，树形规整，叶形美丽，秋叶红艳，是著名的秋色叶树种。园林中可作庭荫树、行道树，也可与常绿树种配植，最宜群植于开阔草坪或列植于道路两侧。

**应用要点** 北美枫香不耐湿热和积水环境，炎热地区易患溃疡病，应保持土壤通透，做好防治工作。

北美枫香的植株和叶

## 杂种金缕梅

**学名** *Hamamelis intermedia* Rehder

**科属** 金缕梅科、金缕梅属

**识别特征** 落叶灌木或小乔木，株高可达8 m。单叶互生，阔倒卵圆形，先端短急尖，基部心形，不对称，叶缘具不规则波状齿。短穗状花序腋生，有花数朵，苞片卵形，花瓣带状，4枚，黄色至橙红色，花期2月。蒴果球形，果期10月。

**生态习性** 喜光，稍耐阴。稍耐寒，喜温暖湿润气候，长江流域可露地越冬。不耐干旱，不耐水湿，喜肥沃、疏松、排水良好的微酸性土壤。生长较慢。

**园林用途** 金缕梅花期极早，为著名的冬季开花植物，花形奇特，开花繁茂，秋叶红艳，具较高观赏价值。园林中常点缀庭院，宜植于林缘光照充足处。

**应用要点** 金缕梅（*H. molis* Oliver）原产于中国，花为亮黄色，园林中应用极少。当前园林中应用的多为国外引进的杂种金缕梅品种，为金缕梅与日本金缕梅的杂交种，花瓣较宽大，有褶皱。杂种金缕梅喜排水良好酸性土壤，在紧实、偏碱性土壤中生长不良，会逐年退化。

杂种金缕梅的植株、叶和花

## 榆 · 又称家榆、白榆

**学名** *Ulmus pumila* L.

**科属** 榆科、榆属

**识别特征** 落叶乔木，株高达25 m。树冠圆球形。单叶互生，椭圆状卵形或椭圆状披针形，羽状脉，先端渐尖，基部圆或楔形，稍歪斜，叶缘多为单锯齿，稀重锯齿。花先叶开放，簇生于上年生枝叶腋，无花被。翅果近圆形，果核位于翅果中部。花期3—4月，果期4—6月。

**生态习性** 喜光，不耐阴。耐寒，能适应干冷气候，中国南北均有栽培。耐干旱，耐瘠薄，不耐水湿，喜肥沃、湿润而排水良好的土壤，耐轻度盐碱。萌芽力强，对烟尘及氟化氢等有毒气体有较强抗性。

**园林用途** 树干通直，树体高大，冠大荫浓，适应性强，生长快。在园林绿化中广泛应用，可用作行道树、庭荫树，也能用作厂矿绿化、盐碱地绿化、营造防护林和水土保持林的树种。

**应用要点** 园艺品种较多，常用的有：金叶榆（*U. pumila* 'Jinye'），新叶金黄，老叶黄绿；垂枝榆（*U. pumila* 'Pendula'），枝条下垂，树冠伞形。

榆树的萌发力很强，生长较快，生长季节要经常修剪，剪去过长、过乱的枝条，以保持树型的优美。蛀干害虫危害严重，应加强防治。

榆的植株、翅果（上）和金叶榆的植株、叶（下）

## 榔榆 · 又称小叶榆

**学名** *Ulmus parvifolia* Jacq.

**科属** 榆科、榆属

**识别特征** 落叶乔木，株高可达25 m。树皮不规则薄片状剥落。一年生枝密被短柔毛。单叶互生，叶小而质厚，长椭圆形至卵状椭圆形，叶缘具整齐的单锯齿，萌枝上的叶常有重锯齿，上面沿中脉疏被毛，下面脉腋有簇生毛。短聚伞花序，2～6朵簇生叶腋，花期8—9月。翅果椭圆形至卵状椭圆形，果核位于翅果中部，果期10—11月。

**生态习性** 喜光，稍耐阴。耐寒，喜温暖湿润气候，华北至长江流域广泛栽培。不耐水湿，也不耐干旱瘠薄，喜肥沃、湿润、排水良好的土壤，在酸性、中性、石灰质土及轻度盐碱土壤中均能生长。深根性，萌芽力强，生长较慢，寿命长。

**园林用途** 树干通直，树皮斑驳，秋叶变红，树形优美，姿态潇洒，是优良的园林树种。可用作园林观赏、工厂绿化和四旁绿化树种。常孤植成景，适宜种植于池畔、亭榭附近，也可配于山石之间。萌芽力强，是制作盆景的优良材料。

**应用要点** 病虫害较多，常见的有榆叶金花虫、介壳虫、天牛、刺蛾和蓑蛾等。

榔榆的植株、树干（下）和叶、翅果（上）

## 榉树 · 又称大叶榉

**学名** *Zelkova schneideriana* Hand. -Mazz.

**科属** 榆科、榉属

**识别特征** 落叶乔木，株高可达 15 m。树皮深褐色，平滑，老时薄片状脱落。单叶互生，卵形或椭圆状披针形，缘具整齐单锯齿，表面微粗糙，背面密生浅灰色柔毛。坚果歪斜，果期 10—11 月。

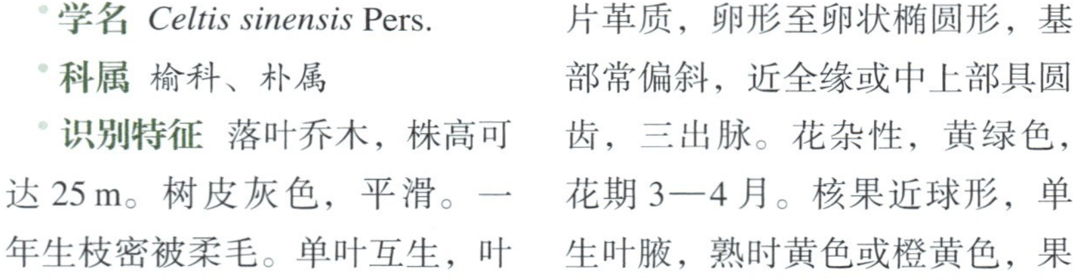

榉树的植株和叶

**生态习性** 喜光，稍耐阴。稍耐寒，秦岭、淮河以南广为栽培。耐水湿，喜湿润、肥沃土壤，不耐盐碱。深根性。生长慢，寿命长。耐烟尘及有害气体。

**园林用途** 树干挺直，枝叶浓密，树体高大雄伟，秋叶褐红色，是江南地区常用的秋色叶树种。可作庭荫树、行道树，也可作四旁绿化树种，孤植、列植和丛植皆可。木材纹理美丽，材质优良。

**应用要点** 空气湿润有利于榉树秋叶变红，干燥气候容易使叶片干枯。不同单株间秋叶变色差异较大，作彩叶树种栽培时，应对苗木进行优选。

## 朴树 · 又称黄果朴、朴

**学名** *Celtis sinensis* Pers.

**科属** 榆科、朴属

**识别特征** 落叶乔木，株高可达 25 m。树皮灰色，平滑。一年生枝密被柔毛。单叶互生，叶片革质，卵形至卵状椭圆形，基部常偏斜，近全缘或中上部具圆齿，三出脉。花杂性，黄绿色，花期 3—4 月。核果近球形，单生叶腋，熟时黄色或橙黄色，果期 9—10 月。

朴树的植株、叶和果实

**生态习性** 喜光，稍耐阴。稍耐寒，分布于中国秦岭、淮河以南地区。耐水湿，耐干旱瘠薄，对土壤要求不严，耐轻度盐碱土壤。深根性，萌芽力强。生长较慢，寿命长。抗烟尘和有害气体。

**园林用途** 树冠宽广，枝繁叶茂，冠大荫浓，秋叶黄色。园林绿化中常作庭荫树，也可作行道树，还可作厂矿绿化。

**应用要点** 朴树耐干旱、瘠薄，对二氧化硫、氯气等有毒气体的抗性强，养护管理较粗放，易受煤污病危害。

## 珊瑚朴

**学名** *Celtis julianae* Schneid.

**科属** 榆科、朴属

**识别特征** 落叶乔木，株高可达30 m。小枝、叶背、叶柄密被黄褐色绒毛。单叶互生，厚纸质，宽卵形至尖卵状椭圆形，端渐短尖，上面较粗糙，全缘或中部以上具钝锯齿。核果卵球形，熟时橙红色，果熟期9—10月。

**生态习性** 喜光，稍耐阴。稍耐寒，主产陕西、河南以南至长江流域。耐干旱、瘠薄，耐水湿，喜湿润肥沃土壤。深根性。抗污染力强。生长速度中等，寿命长。

**园林用途** 树干笔挺，树体高大，树冠圆球形，冠大荫浓，秋季红果点缀绿叶间，酷似珊瑚。园林中可作庭荫树和行道树，孤植、丛植、列植皆可。

**应用要点** 适应性强，具有较强的抗污染能力，病虫害少，可粗放管理。

珊瑚朴的植株、叶和果实

## 构树

**学名** *Broussonetia papyrifera* (L.) L'Hér. ex Vent.

**科属** 桑科、构属

**识别特征** 落叶乔木，株高可达20 m。小枝密被丝状刚毛。单叶互生，有时对生，卵形至长椭圆状卵形，基部圆形或心形，叶缘具粗锯齿，不裂或不规则2~5裂，两面密生柔毛。雌雄异株，雄花序粗，花被4裂，雌花序头状，花期4—5月；聚花果球形，成熟时橙红色，果期8—9月。

**生态习性** 喜光，稍耐阴。耐寒，中国南北各地都有分布，多为野生。耐干旱，耐瘠薄，较耐水湿，适应性强，可在酸性、中性土壤中生长，具有一定的耐盐碱能力。生长快，萌芽力强。对烟尘及有毒气体抗性强。

**园林用途** 枝叶茂密，冠大荫浓，果实成熟时，十分醒目。多为野生，园林中可作庭荫树和行道树，适应能力强，具有较强的抗污染能力，可作荒山、荒滩绿化和厂矿绿化树种。

**应用要点** 构树适应性强，具有较强的入侵性，应加强管理。果实成熟时，掉落地上叶容易招苍蝇。

构树的植株、叶和果实

## 化香 · 又称化香树、花龙树、栲香、山麻柳

**学名** *Platycarya strobilacea* Sieb. et Zucc.

**科属** 胡桃科、化香属

**识别特征** 落叶大乔木，株高可达 25 m。树皮纵深裂；幼枝有绒毛。奇数羽状复叶，互生，小叶 7 ~ 19，薄革质，卵状披针形或长椭圆状披针形，先端长渐尖，边缘有重锯齿，基部阔楔形。穗状花序，单性花，雌雄同穗，直立，花期 5—6 月；果序椭圆形或圆柱形，果期 7—10 月。

**生态习性** 喜光，稍耐阴。稍耐寒，喜温暖湿润气候，产于秦岭以南各省至西南地区。耐干旱瘠薄，不耐水湿，喜排水良好肥沃土壤，不耐盐碱性土壤。萌芽力强，生长稍慢。

**园林用途** 树姿端庄、自然，果型奇特，有观赏价值。常作为荒山造林的树种，也可植于园林观赏。果序和树皮富含丹宁，可制栲胶。

**应用要点** 本种为有毒植物，主要为叶有毒，可供药用，能顺气、祛风、化痰、消肿、止痛、燥湿和杀虫。



化香的植株、花序和叶

## 薄壳山核桃 · 又称美国山核桃、长山核桃

**学名** *Carya illinoinensis* (Wangenh.) K. Koch

**科属** 胡桃科、山核桃属

**识别特征** 落叶大乔木，株高可达 50 m。树皮灰褐色，深纵裂。芽黄褐色，被柔毛。奇数羽状复叶，小叶 11 ~ 17 枚，卵状披针形，常微弯呈镰形，具粗钝锯齿。雌、雄异株，雄花为葇荑花序，3 序成束，雌花为穗状花序，具 3 ~ 10 花，花期 5 月。核果，长卵形或长圆形，具 4 纵棱，果皮 4 瓣裂，果期 10—11 月。

**生态习性** 喜光，稍耐阴。稍耐寒，喜温暖湿润气候，中国长江流域有栽培。较耐水湿，不耐干旱、瘠薄。喜湿润、排水良好的酸性至中性土壤。深根性，生长较快。

**园林用途** 主干笔直，树体高大雄伟，枝叶茂密，树姿优美。园林中可作上层乔木，也可作行道树和庭荫树。果仁味美，为著名干果。材质优良，为名贵用材树种。

**应用要点** 开花结实时须光照充足，作果树栽培时应选择土层深厚、疏松、水源充足、背风向阳的地块种植。

薄壳山核桃的植株、树干、叶和果实



## 纳塔栎 · 又称娜塔栎

**学名** *Quercus nuttallii* E. J. Palmer

**科属** 壳斗科、栎属

纳塔栎的植株和叶

**识别特征** 落叶乔木，株高可达 30 m。单叶互生，狭倒卵形，基部狭，边缘具 3 ~ 5 深裂，叶裂深达一半以上，裂片边缘具粗齿。坚果椭圆形，总苞碗形。

**生态习性** 喜光，不耐阴。稍耐寒，喜温暖湿润气候，原产于北美，中国长江流域有栽培。不耐干旱，不耐水湿，喜深厚、湿润、排水良好的土壤。深根性。生长快。

**园林用途** 主干通直，枝叶茂密，绿叶期长，秋叶变紫红色。树体高大，树姿优美，可作庭荫树植于花坛或点缀于绿化带中，也可作行道树。

**应用要点** 纳塔栎枝叶茂密，喜深厚土壤，需要一定的空气湿度，否则叶片易枯，不宜栽植于干热风口。多雨天气易出现褐斑病。

## 麻栎 · 又称栎、橡碗树

**学名** *Quercus acutissima* Carr.

**科属** 壳斗科、栎属

**识别特征** 落叶乔木，株高可达 30 m。小枝幼时有毛。单叶互生，长椭圆状披针形，先端渐尖，基部圆或宽楔形，刺芒状锯齿缘，下面绿色，无毛或仅脉腋有毛。坚果卵形或椭圆形。果期翌年 9—10 月。

**生态习性** 喜光，不耐阴。耐寒，自东北南部至华南皆有分布。耐干旱，不耐水湿，对土壤要求不严，不耐盐碱性土壤，以深厚、肥沃、湿润而排水良好的微酸至中性土壤为宜。深根性，生长快。

**园林用途** 树干通直，树冠开展，浓荫如盖，树体高大雄伟，秋叶为橙褐色。常用作造林树种，园林中也可栽培观赏，宜作庭荫树，或与其他种类混交配置，作为上层乔木。

**应用要点** 麻栎树体高大，深根性，种植地点地下水位宜低，否则易烂根。叶片易受刺蛾类害虫危害。

麻栎的植株、叶和果实

## 欧洲鹅耳枥

**学名** *Carpinus betulus* L.

**科属** 桦木科、鹅耳枥属

**识别特征** 落叶乔木，株高可达 25 m。单叶互生，卵形或长卵形，羽状脉，叶缘具不规则重锯齿。花单性，雌雄同株；雄花序生于上一年枝条的顶端，圆柱形，葇荑花序；雌花序生于上部的枝顶或腋生于短枝上，单生，花期 3 月；小尖果卵圆形，具果苞，果期 10 月。

**生态习性** 喜光，稍耐阴。稍耐寒，喜冷凉湿润气候，北京以南至长江流域可栽培。不耐水湿，喜湿润、排水良好的酸性至中性土壤，在微碱性土壤中也可生长。生长较慢。

**园林用途** 枝叶茂密，叶形秀丽，果穗奇特，株形优美。园艺品种较多，株形变化较大，可作庭院树和行道树。枝条细密，萌芽性强，常作绿篱或整形栽培。

**应用要点** 园艺品种较多，常用品种为‘帚状’欧洲鹅耳枥（*C. betulus* ‘Fastigiata’），树冠呈纺锤状。其性喜温凉湿润，不耐湿热，长江流域栽培，应选择小苗从小培育，可提高耐湿热能力。

欧洲鹅耳枥的植株（上为园艺品种）和叶

## 心叶椴 · 又称欧洲小叶椴

**学名** *Tilia cordata* Mill.

**科属** 椴树科、椴树属

**识别特征** 落叶乔木，株高可达35 m。树皮灰色，光滑，老时开裂。单叶互生，近圆形或心形，顶端骤尖，基部心形，边缘有细尖锯齿，背面脉腋有簇毛；聚伞花序，花序基部有一舌状苞片，花5瓣，淡黄色，芳香，花期6—8月；果近球形，木质，灰绿色，有绒毛，果期8—9月。

**生态习性** 喜光，较耐阴。耐寒，喜冷凉湿润气候，中国新疆、大连等地均有引种。不耐干旱，也不耐水湿，喜肥沃湿润排水良好微酸性土壤，不耐盐碱性土壤。深根性。生长较慢。

心叶椴的植株和叶

**园林用途** 树干通直，枝叶茂密，树冠饱满圆整，叶形美丽，初夏满树白花而芳香，秋叶金黄。为世界著名行道树，也可作庭荫树和园景树。花蜜丰富，是很好的蜜源植物。材质优良，可作造林树种。

**应用要点** 喜冷凉湿润气候，不耐湿热，南方地区高温高湿，树干易受病菌侵染，须加强防治。

## 紫椴 · 又称籽椴

**学名** *Tilia amurensis* Rupr.

**科属** 椴树科、椴树属

**识别特征** 落叶乔木，株高可达25 m。树皮暗灰色，纵裂。单叶互生，叶广卵形或卵圆形，基部心形，先端尾尖，叶缘有不规则粗锯齿，锯齿有小尖头；聚伞花序，苞片窄带形，下半部与花序柄合生，花瓣白色，长6～7 mm，纤细，无毛，花期7月。坚果卵圆形，被茸毛，果期9—10月。

**生态习性** 喜光，较耐阴。耐寒，喜凉爽湿润气候，主产于东北至华北地区，上海有大树。不耐干旱，也不耐水湿，喜深厚肥沃的酸性至中性土壤，不耐盐碱性土壤。深根性。生长慢。

**园林用途** 主干通直，枝繁叶茂，树冠圆整，树姿优美，开花繁盛，花极香。可作庭荫树和行道树，也可作为厂矿绿化和造林树种。花量大，是重要的蜜源植物。

**应用要点** 紫椴耐寒，萌芽早，是优良的乔木树种，喜凉爽气候，不耐热，宜配置于绿化带中或有侧方庇荫处。

紫椴的植株和叶

## 毛糯米椴 · 又称糯米椴

**学名** *Tilia henryana* Szyszyl.

**科属** 椴树科、椴树属

**识别特征** 落叶乔木，株高可达26 m。幼枝、顶芽、叶背、苞片、子房及果均被黄褐色星状毛。单叶互生，广卵形近圆形，锯齿端有长芒，脉腋有簇毛；聚伞花序，苞片窄，倒披针形，与花序柄合生，花瓣5～7，白色，花期6月；坚果，倒卵形，有5条纵棱。

**生态习性** 喜光，稍耐阴。稍耐寒，分布于中国长江下游地区。耐干旱贫瘠，不耐水湿，对土壤要求不严，不耐盐碱性土壤。深根性。生长慢。

**园林用途** 冠大荫浓，叶片硕大，叶形优美，开花繁茂，有香味。可作行道树和庭院树。花量大，是优秀的蜜源植物。

**应用要点** 耐热性强，能适应长江流域湿热气候，叶片没有焦枯现象。苗源少，园林绿化中应用较少，具有较大的发展潜力。

毛糯米椴的植株、叶和花序

## 梧桐 · 又称青桐、碧梧、中国梧桐

**学名** *Firmiana simplex*（L.）W. Wight

**科属** 梧桐科、梧桐属

**识别特征** 落叶乔木，株高可达20 m。树皮片状剥落。单叶互生，掌状3～5裂，基部心形，全缘或有波状齿。圆锥花序顶生，黄绿色，被短绒毛，花单性，花萼5深裂几达基部，无花瓣，花期6月。蓇葖果膜质，成熟前开裂成叶状，果期9—10月。

**生态习性** 喜光，稍耐阴。稍耐寒，喜温暖湿润气候，从华北南部至华南广泛栽培。稍耐干旱，不耐水湿，喜深厚、肥沃、排水良好的土壤。在酸性、中性及钙质土壤中均能生长，不耐盐碱性土壤。深根性，生长尚快。寿命较长。

**园林用途** 树干通直，干皮碧绿，叶片硕大，树姿优美，秋季叶色变黄。梧桐为中国著名园林树种，“一叶落知天下秋”“栽梧引凤”等常与梧桐联系。园林中可作庭荫树栽培，也可作行道树种，还可作厂矿绿化树种。

**应用要点** 人们常将梧桐和法国梧桐混淆，应用中要引起注意。梧桐适应性强，病虫害少，栽培管理容易。

梧桐的植株、树干和叶

## 山桐子 · 又称椅树、椅桐、斗霜红

**学名** *Idesia polycarpa* Maxim.

**科属** 大风子科、山桐子属

**识别特征** 落叶乔木，株高可达 15 m。单叶互生，薄革质，广卵形，基部心形，缘有疏锯齿，脉腋有簇毛，叶柄上部有两个腺体。圆锥花序顶生，花单性，雌雄异株或杂性，黄绿色，花瓣缺，花序梗有疏柔毛，花期 4—5 月。浆果球形，熟时红色，果期 10—11 月。

**生态习性** 喜光，不耐阴。稍耐寒，喜温暖湿润气候，产于陕西南部、山西南部、河南以南地区。稍耐干旱，不耐水湿，喜肥沃、湿润、排水良好的土壤。浅根性，生长较快。

**园林用途** 树干通直，树姿优美，叶形也美丽，深秋季节满树红果，果期较长。为优良的观果树种，满树红果极为壮观，可点缀于庭院观赏，最适宜丛植或片植，欣赏硕果累累的壮观效果。

**应用要点** 山桐子萌芽力弱，不宜截枝或重修剪。根系较少，苗期宜多移栽，以增加须根，提高成活率。

山桐子的植株、果实和花序



## 欧美杨 · 又称加杨、加拿大杨

**学名** *Populus × canadensis* Moench

**科属** 杨柳科、杨属

**识别特征** 落叶乔木，株高可达 30 m。树冠呈卵圆形。树皮灰绿色至灰褐色。芽初为绿色，后为褐色。单叶互生，三角形或三角状卵形，近等边三角形，基部截形，锯齿圆钝，叶柄扁平。花期 4 月，果期 5 月。

**生态习性** 喜光，不耐阴。耐寒，喜温凉湿润气候，也较耐热，华北至长江流域普遍栽培。耐水湿和轻度盐碱土壤，也耐瘠薄土壤。生长快。抗二氧化硫能力强。

**园林用途** 主干通直，树冠广阔，叶片大而有光泽，树势雄伟。可作行道树、庭荫树，孤植、丛植、列植皆可，也可作厂矿绿化、防护林和用材林树种，是华北至江淮平原常用绿化树种。

**应用要点** 果序成熟时，杨絮四处飞扬，造成环境污染，园林绿化中，特别是作行道树时，宜选用雄株。易发生天牛危害。

欧美杨的植株、树干和叶

## 毛白杨

**学名** *Populus tomentosa* Carrière

**科属** 杨柳科、杨属

**识别特征** 落叶乔木，株高可达30 m。树冠卵圆形或卵形。树皮灰白色，具菱形皮孔。幼枝被灰毡毛。单叶互生，三角状卵形或卵圆形，叶背密被白茸毛，叶缘具不规则波状钝齿，叶柄短于叶片。花期3月，果期4—5月。

**生态习性** 喜光，不耐阴。耐寒，喜凉爽湿润气候，不耐湿热。耐干旱，对土壤要求不严，中性至微碱性土壤均可生长，在深厚、肥沃、湿润又排水良好的土壤中生长最佳。深根性，抗风，抗污染。生长较快，寿命较长。

**园林用途** 树干通直，树体高大，树姿雄壮。生长快，寿命长，较耐干旱和盐碱，是优良的园林绿化树种，可作庭院绿化或行道树，也是华北地区常用的速生用材造林树种。

**应用要点** 毛白杨性喜凉爽，适合华北地区，南方地区病虫害严重。园林绿化栽培宜选用飞絮少的雄株。毛白杨喜肥，易发生病虫害，要加强水肥管理和病虫害防治。

毛白杨的植株、树干和叶（正、反）

## 垂柳

垂柳的植株、枝、叶和花序



**学名** *Salix babylonica* L.

**科属** 杨柳科、柳属

**识别特征** 落叶乔木，株高可达 15 ~ 20 m。树冠开展，常呈倒卵圆形。树皮灰黑色，不规则开裂。小枝细长，下垂。单叶互生，狭披针形或线状披针形，微有毛，叶缘有细锯齿。葇荑花序，外面有毛，雌花有一腺体。花期 3—4 月，果期 4—5 月。

**生态习性** 喜光，不耐阴。耐寒，喜温暖湿润气候，中国南北各地均有栽培。耐水湿，耐干旱，喜湿润、深厚的酸性及中性土壤。根系发达，萌芽力强。生长迅速，寿命较短，树干易老化。对有毒气体有一定的抗性。

**园林用途** 枝条细长下垂，新叶鹅黄，随风轻拂，树姿优美。园林绿化中广泛应用，最宜配植水边，点缀桥头、池畔、河流和湖泊等水系沿岸处。常与桃花间植形成桃红柳绿之景。也可作庭荫树、行道树，还可用作厂矿绿化和固堤护岸树种。

**应用要点** 生长快，易老化，植物配置时应注意与慢生树种搭配。易产生飞絮，栽培时宜控制数量。易受天牛危害，应加强防控。

## 柿 · 又称朱果、猴枣

**学名** *Diospyros kaki* Thunb.

**科属** 柿科、柿树属

**识别特征** 落叶乔木，株高可达 15 m。树干暗灰色，呈长方块状开裂。单叶互生，革质，椭圆形至倒卵形，先端突尖，基部近圆形，叶面光亮无毛，下面疏生褐色柔毛。雌雄异株，雄花成聚伞花序腋生，雌花单生，花萼、花冠均钟状，4 裂，花萼绿色，花冠黄白色，花期 5—6 月。浆果扁球形，萼片厚革质或近木质，果期 9—10 月。

**生态习性** 喜光，稍耐阴。耐寒，从东北南部至长江流域均有栽培。耐干旱，耐瘠薄，不耐水湿，喜深厚、肥沃酸性至中性土壤，不耐盐碱性土壤。深根性。生长较慢。

**园林用途** 枝繁叶大，树冠张开，冠盖如伞，秋叶红艳，叶后红果满树，是观叶、观果俱佳的优良树种。园林中常作庭院树栽培，常孤植观赏，也可丛植。果实味美多汁，为传统水果，是园林结合生产的优良种类。

**应用要点** 柿树果实成熟易掉落、造成地面污染，故不宜种植于道路旁或广场等人群活动较多的地方。

柿的植株、叶、果实和花

## 秤锤树

**学名** *Sinojackia xylocarpa* Hu

**科属** 安息香科、秤锤树属

**识别特征** 落叶乔木，株高可达7 m。幼枝密被星状短柔毛。单叶互生，纸质，椭圆形至椭圆状卵形，先端尖，基部宽楔形，叶缘有细锯齿，叶柄被星状毛。总状聚伞花序，萼筒倒圆锥状，萼齿5～6，宿存，花冠5～7裂，白色，花期4—5月。果卵形，形似秤锤，熟时栗褐色，果期10—11月。

**生态习性** 喜光，耐半阴。稍耐寒，喜温暖湿润气候，长江流域栽培。不耐干旱，不耐水湿，喜肥沃、湿润、排水良好的酸性至微酸性土壤。

**园林用途** 枝叶浓密，色泽苍翠，初夏满树繁花，洁白可爱，果实宛如秤锤，颇为奇特。常植于园林观赏，宜植于花台、林缘、窗前等处。

**应用要点** 秤锤树喜酸性土壤，不耐积水，配植时应注意栽培地点。秤锤树果柄极细，极易掉落，宜配植于背风处。

秤锤树的植株、叶、花和果实

## 梅 · 又称梅花

**学名** *Prunus mume* Sieb.

**科属** 蔷薇科、李属

**识别特征** 落叶小乔木，株高可达10 m。二年生小枝绿色。单叶互生，叶片卵形或椭圆状卵形，先端渐尖或尾尖，基部广楔形近圆形，叶缘有锐锯齿。花单生，近无梗，花萼红褐色或绿色，萼筒宽钟形，萼片5，花瓣倒卵形，单瓣至重瓣，有香味，花色有红、粉、白等；花期冬末春初；核果近球形，被柔毛，果期5—6月。

**生态习性** 喜光，稍耐阴。稍耐寒，喜温暖湿润气候，主产于长江流域。稍耐干旱，不耐涝，对土壤要求不严，以疏松、肥沃、排水良好土壤为宜，不耐盐碱性土壤。生长较慢，寿命长。

**园林用途** 梅花为中国传统名花，先花后叶，开花繁茂，花形、花色丰富，芳香浓郁，花期极早。常植于庭院观赏，可点缀植于房前屋后，也可丛植或群植于坡地、林园或园路两侧，还可以作为插花材料，制作盆景，开花时移入室内观赏。花、果均有较高的经济价值。

**应用要点** 梅花品种丰富，一般可分为真梅系、杏梅系和樱李梅系，不同类型的耐寒性差异较大，真梅系耐寒性最差，樱李梅系耐寒性最强。应根据气候条件和栽培用途，选择适合的品种。

梅的开花植株、一年生枝、果实和花

## 杏·又称杏子

杏的果枝、叶、花枝和花

**学名** *Prunus armeniaca* L.

**科属** 蔷薇科、李属

**识别特征** 落叶乔木，株高可达 15 m。小枝红褐色。单叶互生，宽卵形圆卵形，基部圆形近心形，先端急尖，具圆钝锯齿。花单生，近无梗，花萼 5，花后反折，花瓣 5，圆形，白色至浅粉红色，花期 3—4 月。核果球形，果期 6—7 月。

**生态习性** 喜光，不耐阴。耐寒，广泛分布于中国北方地区。耐干旱，不耐涝，喜深厚、肥沃、排水良好土壤，有一定耐盐性。深根性。寿命较长。

**园林用途** 早春开花，先花后叶，满树繁花，为中国传统名花，有“南梅、北杏”之称。园林中可植于堂前屋后观赏，最宜片植成林，形成壮观的花海景观。果实甜美多汁，为传统著名水果。

**应用要点** 杏常植于北方，一般作果树栽培，是园林结合生产的优良种类。作园林栽培时，应选观花效果好的品种。

## 美人梅·又称樱李梅

**学名** *Prunus* × *blireana* ‘Meiren’

**科属** 蔷薇科、李属

**识别特征** 落叶小乔木或灌木，株高可达 5 m。单叶互生，叶片卵形至卵圆形，缘具齿，基部楔形至圆，紫红色。花单生，先叶开放，半重瓣，粉红色，有香味，花期 3—4 月。核果近球形，紫红色，果期 6 月。

**生态习性** 喜光，不耐阴。耐寒，喜温暖湿润气候，北京、太原地区可露地越冬。稍耐干旱，不耐水涝。对土壤的要求不严，微酸性至微碱性黏质壤土都可以生长。生长较慢。

**园林用途** 先花后叶，开花繁茂，花色艳丽，是早春重要的观花、观叶树种。可广泛应用于各类园林绿地，孤植、丛植、片植或与其他植物配植皆宜。

**应用要点** 美人梅适应性强，栽培中可按常规养护方式管理。不耐水湿，配置地点注意选择地下水位低、不积水处。

美人梅的植株、叶和花

## 桃 · 又称桃子、桃花

· **学名** *Prunus persica* L.

· **科属** 蔷薇科、李属

桃的开花植株、花芽和花柱

· **识别特征** 落叶小乔木，株高可达 8 m。冬芽常三芽叠生，中间为叶芽，两侧为花芽。单叶互生，披针形，先端渐尖，基部楔形，具锯齿。花单生，先叶开放，花萼被柔毛，萼片 5，花瓣 5，长圆状椭圆形至宽倒卵形，粉红色，子房被短柔毛，花期 3—4 月。核果卵圆形，密被短柔毛，果 7—9 月。

· **生态习性** 喜光，不耐阴。耐寒，中国南北各地广泛种植。耐干旱，不耐水湿，喜土层深厚、排水良好的砂质微酸性土壤。生长较快，寿命较短。

· **园林用途** 桃为中国著名传统水果，有悠久的栽培历史，观赏桃花同样具有悠久的历史。桃花品种繁多，开花繁茂，花色艳丽。园林中广泛应用，可孤植点缀于水畔、墙角、桥头路边或路旁，也可丛植或片植观赏，低矮品种还可盆栽观赏。

· **应用要点** 桃为强阳性树种，不耐阴，不能作为下木配植在高大乔木下。不耐水湿，土壤过湿容易导致根部腐烂。桃易受蠹蛾、天牛等蛀干害虫危害，应加强防治。



## 红叶李 · 又称紫叶李

· **学名** *Prunus cerasifera* 'Atropurpurea'

· **科属** 蔷薇科、李属

· **识别特征** 落叶小乔木或灌木，株高可达 8 m。单叶互生，叶片椭圆形至倒卵形，先端急尖，边缘有圆钝锯齿，周年紫红色。花单生，稀两朵，萼筒钟状，萼片长卵形，花瓣白色，长圆形，边缘波状，花期 2—3 月。核果近球形，果期 7—8 月。

· **生态习性** 喜光，不耐阴。耐寒，喜温暖湿润气候，华北至长江流域广泛栽培。不耐干旱，稍耐水湿，对土壤适应性强，但在肥沃、深厚、排水良好的黏质中性、酸性土壤中生长良好，不耐盐碱性土壤。根系较浅。生长较慢。

· **园林用途** 枝叶稠密，早春满树白花，花后红叶渐浓，是著名的彩叶树种。可作小乔木孤植点缀于庭院观赏，也可作花灌木丛植于道路绿化带或草坪上观赏。

· **应用要点** 红叶李适应性强，病虫害少，按常规管理即可。由于生长旺盛，枝叶繁茂，夏季多雨季节容易出现风折，应适当修剪，以防风折破坏树形。

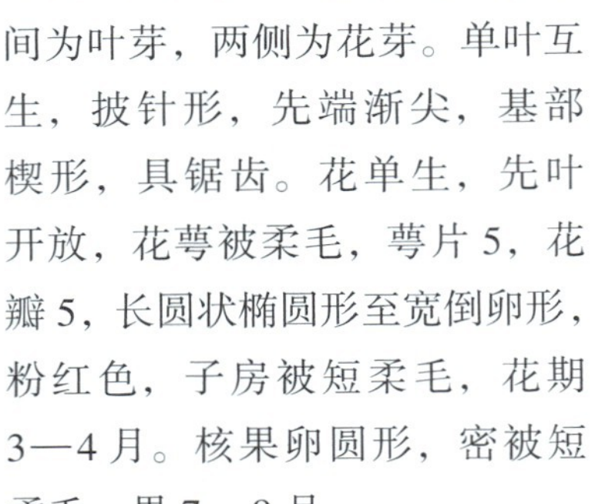

红叶李的植株、叶和花

## 东京樱花 · 又称日本樱花

**学名** *Prunus × yedoensis* (Mats.) Yü et Li

**科属** 蔷薇科、李属

**识别特征** 落叶乔木，株高可达 15 m。单叶互生，叶片椭圆卵形或倒卵形，基部圆形，先端渐尖，叶缘具细尖重锯齿，上面无毛，下面沿脉被稀疏柔毛。伞形花序，总梗极短，有花 3 ~ 4 朵，先叶开放，花瓣白色或粉红色，花瓣椭圆形，先端凹，花梗和花柱基部有疏柔毛，花期 3—4 月。核果近球形，黑色，果期 5 月。

**生态习性** 喜光，不耐阴。耐寒，喜凉爽湿润气候，北京地区可露地越冬。不耐干旱，也不耐水湿；对土壤的要求不严，宜在疏松肥沃、排水良好的砂质壤土中生长，不耐盐碱性土壤。根系较浅。生长较快。

东京樱花的开花植株、花和雌蕊

**园林用途** 花期早，先花后叶，开花繁茂，花相壮观。东京樱花是早春著名的观赏花木，在园林绿化中广泛应用，草坪、湖岸、道路两侧、广场上和建筑前皆可种植，最宜列植或片植，形成壮观的花海景观。

**应用要点** 根系较浅，地下水位高时易倒伏。喜凉爽气候，需要一定的冬季低温，南方冬季温暖地区，开花较少，常常花叶同放或不开花。对土壤盐分较敏感，盐碱地区不宜种植。

## 樱花 · 又称山樱花

**学名** *Prunus serrulata* (Lindl.) G. Don ex London

**科属** 蔷薇科、李属

**识别特征** 落叶乔木，株高可达 25 m。单叶互生，卵状椭圆形，基部圆形，先端尾尖，叶缘具单锯齿或重锯齿，齿端短刺芒状。花序伞房总状，花叶同放，萼筒钟状，无毛，萼片三角状披针形，花瓣倒卵形，先端凹，白色或浅粉红色，花期 3—4 月。核果球形，黑色，果期 5 月。

**生态习性** 喜光，不耐阴。耐寒，喜凉爽湿润气候，东北、华北至长江流域都有栽培。不耐干旱，不耐涝；对土壤的要求不严，喜深厚、肥沃、排水良好的砂质壤土，不耐盐碱性土壤。根系较浅。生长较快。

**园林用途** 枝叶茂盛，开花繁茂，是早春重要的观花树种。常植于园林观赏，可孤植、片植于山坡、庭院、路边和建筑物前，也可群植、片植于开阔场地营造花海景观。

**应用要点** 樱花不耐水湿，地下水位高或场地积水容易滋生病害，根癌病传染性强，应加强场地排水，保持植株健康。

樱花的花枝、叶、花萼和花柱

## 日本晚樱 · 又称晚樱

· **学名** *Prunus lannesiana* Carrière

· **科属** 蔷薇科、李属

· **识别特征** 落叶乔木，株高可达 10 m。单叶互生，倒卵形，叶缘具渐尖重锯齿，锯齿具长芒，幼叶略带红褐色。伞房花序，具叶状苞片，有花 2 ~ 5 朵，花单瓣或重瓣，花色有白、黄、粉等，花期 4 月。核果卵形，果期 5 月。

日本晚樱的开花植株、叶和花

· **生态习性** 喜光，不耐阴。耐寒，中国南北各地有栽培。不耐干旱，不耐涝；对土壤的要求不严，喜深厚、排水良好的砂质壤土，不耐盐碱性土壤。根系较浅。生长较慢。

· **园林用途** 日本晚樱园艺品种繁多，开花繁茂，花大色艳，是春季著名花木。既可点缀于庭院近观，也可列植于道旁或片植于草坪、绿化带中，营造繁花似锦的景观效果。

· **应用要点** 枝条萌芽力弱，树冠重剪后恢复困难，应带土球移栽，避免重剪。

## 福建山樱花 · 又称钟花樱桃、绯寒樱

· **学名** *Prunus campanulata* (Maxim.) Yü et Li

· **科属** 蔷薇科、李属

· **识别特征** 落叶乔木，株高可达 15 m。单叶互生，叶卵形至倒卵状椭圆形，先端渐尖，基部圆，叶缘有急尖锯齿，常不整齐。花序伞形，有花 2 ~ 4 朵，先花后叶，花萼钟状，花冠下垂，花瓣 5，倒卵状长圆形，先端常凹缺，粉白色至紫红色，花期 2—3 月。核果球形，果期 5 月。

· **生态习性** 喜光，不耐阴。稍耐寒，也耐热，喜温暖湿润气候，原产于中国华南和台湾地区，南京地区可露地越冬。耐干旱，不耐水湿，喜肥沃、排水良好的土壤，不耐盐碱性土壤。浅根性，生长较快。

· **园林用途** 花期极早，开花繁茂，花色艳丽。可散植点缀庭院，也可丛植或群植，形成灿若云霞之壮观效果。

· **应用要点** 福建山樱花耐热性强，是耐热性最强的樱花种类之一，花期极早，能够适应中国南方地区炎热气候。长江流域栽培，应防止霜冻、毁坏花芽。

福建山樱花的开花植株、果实和花

## 樱桃·又称莺桃、英桃

**学名** *Prunus pseudocerasus* (Lindl.) G. Don

**科属** 蔷薇科、李属

**识别特征** 落叶小乔木或灌木，株高可达6 m。单叶互生，叶片卵状圆形，先端渐尖或尾尖，基部圆形，叶缘具大小不等尖锐重锯齿。花序伞房状，先花后叶，有花2~6朵，萼筒钟状，萼片三角状卵形，花瓣卵形，先端凹或两裂，白色，花梗、萼筒被疏毛，花期2—3月。核果球形，果期5月。

**生态习性** 喜光，不耐阴。耐寒，喜温暖湿润气候，产于黄河流域至长江流域。耐干旱贫瘠，不耐水湿，喜土层深厚、通气良好的砂质壤土。萌蘖性强，生长快。

**园林用途** 樱桃花期早，先花后叶，开花繁茂，早春季节，满树白花，花后满树红果。樱桃为著名传统水果，是园林结合生产的优良种类，可植于园林观赏，孤植、丛植皆可，也可片植成林。

樱桃的开花植株、花序和花冠

**应用要点** 樱桃花量大，结实性强，生长快，老化也快，果树栽培时应及时更新。炎热气候和多雨天气，易患流胶病，使树势衰弱。



## 河津樱

**学名** *Prunus kanzakura* 'Kawazu-zakura'

**科属** 蔷薇科、李属

**识别特征** 落叶小乔木，株高可达6 m。单叶互生，叶片卵状椭圆形，先端尾尖，基部圆形，叶缘具尖锐齿，无芒。花序伞形，先花后叶，有花2~5朵，萼筒钟状，萼片狭三角状，花瓣阔卵形，先端凹，粉红色，花梗、萼筒无毛，花期2—3月。核果球形，果期5月。

河津樱的开花植株和花

**生态习性** 喜光，不耐阴。稍耐寒，喜温暖湿润气候，长江流域可露地越冬。不耐干旱，不耐水湿，要求土层深厚、肥沃、排水良好的土壤。生长慢。

**园林用途** 花期极早，先花后叶，开花繁茂，花色明艳，盛开时满树繁花，极为壮观。园林绿化中孤植、丛植、群植、片植皆可，最宜列植或片植，营造壮观的花海景象。

**应用要点** 河津樱的种植点应光照充足，土壤应保持湿润和透气性良好，生长期间须施酸性肥料。

## 大叶早樱 · 又称日本早樱、彼岸樱

**学名** *Prunus* × *subhirtella* (Miq.) Sok.

**科属** 蔷薇科、李属

**识别特征** 落叶乔木，株高可达 10 m。嫩枝、叶柄、背脉、花梗和萼筒密被白色短柔毛。单叶互生，叶片卵状披针形，基部常歪斜，先端渐尖，叶缘具不规则尖锐重锯齿。花序伞形，有花 2 ~ 5 朵，先花后叶，萼筒壶形，花瓣阔倒卵形，先端有三角状缺刻，粉白色，花期 3—4 月。核果卵球形，熟时黑色，果期 6 月。

**生态习性** 喜光，不耐阴。耐寒，喜温暖湿润气候，北京可露地越冬。耐干旱，不耐水涝，以疏松肥沃、排水良好的砂质壤土为好，不耐盐碱性土壤。根系较浅。生长慢。

**园林用途** 花期早，先花后叶，开花繁茂，盛开时满树繁花，灿若云霞，极为壮观。可孤植点缀于庭院，也可三五成丛点缀于道旁或绿地间，最宜列植或片植营造壮观景象。

**应用要点** 发枝较弱，应避免重修剪，以保持树冠圆满。

大叶早樱的开花植株、花萼和花瓣

## 豆梨 · 又称野梨、山梨、鹿梨

**学名** *Pyrus calleryana* Dcne.

**科属** 蔷薇科、梨属

**识别特征** 落叶乔木，株高可达 10 m。小枝幼时有绒毛。单叶互生，卵形至椭圆形，先端渐尖，基部圆形至宽楔形，边缘有细钝锯齿，两面无毛。伞形总状花序顶生，花白色，花柱 2，花序梗、花梗无毛，花期 4 月。梨果球形，果期 8—9 月。

**生态习性** 喜光，稍耐阴。稍耐寒，主产于长江流域，济南可自然越冬。耐干旱、瘠薄，不耐水湿，喜湿润、排水良好的酸性至中性土壤。深根性。生长较慢。

**园林用途** 枝繁叶茂，开花繁密，春季满树白花，新叶嫩黄，秋叶紫红，可观叶观花。可孤植点缀于园林中观赏，最宜片植成林，形成繁花似海景观。常作为南方沙梨系列品种的砧木。

**应用要点** 豆梨喜温暖湿润的气候，不耐寒，主要应用于长江流域。抗病力强，但须加强梨锈病的防治，远离柏科植物特别是刺柏属植物。

豆梨的开花植株、叶、花序和果实

## 杜梨 · 又称棠梨

• **学名** *Pyrus betulifolia* Bge.

• **科属** 蔷薇科、梨属

• **识别特征** 落叶乔木，株高可达10 m。小枝、幼叶、叶柄、花梗、花萼均密被灰白色绒毛。单叶互生，菱状长卵形，先端渐尖，基部宽楔形，边缘有粗尖锯齿。伞形总状花序顶生，花柱2～3，花白色，花药紫色，花期4月。梨果球形，果期8—9月。

• **生态习性** 喜光，稍耐阴。耐寒，广泛分布于东北南部、内蒙古至长江流域。耐干旱、瘠薄，耐水湿，具有一定耐盐碱土能力。深根性。寿命长。

• **园林用途** 枝繁叶茂，萌芽时，满树银灰，富有金属质感，花白色，开花繁茂，秋叶红艳。可孤植点缀于园林中观赏，也可片植成林，形成繁花似锦的效果。适应性强，常作为南北方梨品种的砧木。

• **应用要点** 杜梨适应性强，从华北地区到长江流域均可栽培，病虫害少，可粗放管理。

杜梨的开花植株、花和叶



## 山楂 · 又称山里红、红果、山林果

• **学名** *Crataegus pinnatifida* Bge.

• **科属** 蔷薇科、山楂属

• **识别特征** 落叶乔木，株高可达8 m。常有枝刺。单叶互生，卵形至三角状卵形，先端渐尖，基部楔形，两侧3～5羽状深裂。伞房花序顶生，花部5数，花瓣倒卵形或近圆形，白色，花期5月。梨果近球形，深红色，有皮孔，果期9—10月。

• **生态习性** 喜光，稍耐阴。耐寒，也耐热，喜冷凉干燥气候，华北地区可露地越冬。适应性强，不耐水湿，对土壤要求不严，喜湿润、排水良好土壤。

• **园林用途** 枝叶茂盛，开花繁茂，结实性强，秋季红果满树，是观花、观果的优良树种。园林中可孤植或丛植点缀于各类绿地观赏。山楂也是传统水果，可生食、作果酱，也是作糖葫芦的关键材料。

• **应用要点** 山楂耐寒，也耐热，从华北到长江流域皆可栽培，但南方夏季高温高湿，易滋生各种病害。树干极易受天牛危害，须加强防治。

山楂的结果植株、果实和叶

## 木瓜

**学名** *Chaenomeles sinensis* (Thouin) Koehne

**科属** 蔷薇科、木瓜属

**识别特征** 落叶乔木，株高可达10 m。树皮薄片状剥落，黄绿斑驳。单叶互生，卵状椭圆形，先端急尖，基部宽楔形或近圆形，有芒状尖锐锯齿，齿尖有腺，托叶膜质，卵状披针形，有腺齿。花单生，花瓣狭倒卵形，粉红色，花期4—5月。梨果椭球形，果期9—10月。

**生态习性** 喜光，不耐阴。稍耐寒，喜温暖湿润气候，山东、河南、陕西至长江流域栽培。不耐干旱，不耐水湿，喜深厚、肥沃、排水良好的土壤。深根性。生长较慢。

**园林用途** 干皮斑驳，橙红与黄绿交错，果形奇特，果香独特。园林中常孤植于花台或点缀于庭院观赏，也可丛植于草坪或道旁绿带中。果实可供药用。

**应用要点** 木瓜树皮和果实具有极大观赏价值，为著名观干、观果树种，移栽过程中宜对树皮加强保护，以免破坏观赏价值。发枝能力较弱，不宜重剪。

木瓜的结果植株、树干、叶和花

## 槐 · 又称国槐、槐树

**学名** *Styphnolobium japonicum* (L.) Schott

**科属** 豆科、槐属

**识别特征** 落叶乔木，株高可达 25 m。树皮灰褐色，纵裂，当年生枝绿色。奇数羽状复叶，互生，小叶 7 ~ 15 枚，卵形至披针形，下面被平伏毛。圆锥花序顶生，花冠蝶形，黄白色，花期 6—8 月。荚果念珠状，果期 9—10 月。

**生态习性** 喜光，不耐阴。耐寒，也耐热，能适应干冷气候，中国南北均有栽培。对土壤要求不严，喜深厚、湿润、肥沃、排水良好的砂质壤土。深根性，抗风力强；对二氧化硫抗性较强。生长快，寿命长。

**园林用途** 主干通直，枝叶茂密，冠大荫浓，树姿优美。园林中广泛应用，可作庭荫树，在北方地区，也多用作行道树。还可以用作厂矿绿化和四旁绿化树种。

**应用要点** 常用的园艺品种有：垂枝槐（*S. japonicum* 'Pendula'），枝条扭转下垂，树冠如伞；金枝槐（*S. japonicum* 'Chrysoclada'），小枝秋季变金黄色。适应性强，可粗放管理，但易受槐尺蠖危害，应加强防治。

金枝槐的植株、叶和果实



## 刺槐 · 又称洋槐、槐花

**学名** *Robinia pseudoacacia* L.

**科属** 豆科、刺槐属

**识别特征** 落叶乔木，株高可达 25 m。树皮灰褐色至黑褐色，浅裂至深纵裂。羽状复叶互生，小叶 2 ~ 12 对，常对生，椭圆形或卵形，先端微凹，基部圆或宽楔形，全缘，具托叶刺。穗状花序，花冠蝶形，白色，有香味，花期 4—6 月。荚果线状长圆形，果期 8—9 月。

**生态习性** 喜光，不耐阴。耐寒，中国南北广泛栽培。耐干旱、瘠薄，对土壤适应性强，不择土壤，能耐轻度盐碱土壤。浅根性，萌蘖性强。生长较快。

**园林用途** 冠大荫浓，叶色鲜绿，初夏季节满树白花，极为芳香。因适应性强，生长快，常作荒山绿化的先锋树种，也常作园林栽培，可作行道树、庭荫树。花可食用。

金叶刺槐的植株和叶

**应用要点** 刺槐园艺品种较多，常用的有：金叶刺槐（*R. pseudoacacia* 'Aurea'），叶金黄色；红花刺槐（*R. pseudoacacia* 'Decaisneana'），花玫瑰红色。

刺槐有刺，不宜配置于儿童活动场地和人流稠密处；耐干旱，但不耐水湿，种植处应防止积水。

## 山皂荚·又称皂角树、日本皂荚、鸡栖子

**学名** *Gleditsia japonica* Miq.

**科属** 豆科、皂荚属

**识别特征** 落叶乔木，株高可达25 m。常具分枝枝刺。一回或二回羽状复叶，小叶3～10对，卵状长椭圆形，有钝齿或全缘。穗状花序，黄绿色，雄花花萼裂片3～4，花瓣4，雌花花萼和花瓣均为4～5，花期4—6月。荚果带形，不规则旋扭或弯曲作镰刀状，果期6—11月。

**生态习性** 喜光，稍耐阴。耐寒，中国东北南部、华北至华东地区均有分布。耐干旱、瘠薄，喜肥沃、深厚土壤，在石灰质和轻度盐碱土壤中均能生长。深根性。生长慢，寿命长。

**园林用途** 树体高大，枝叶稠密，冠大荫浓，树形优美。园林中常作庭荫树和四旁绿化树种，也可用于营造防护林和水土保持林。

**应用要点** 适应性强，病虫害少，耐粗放管理。

山皂荚的植株、叶、枝刺和果实

## 金叶皂荚 · 又称金叶美国皂荚

· **学名** *Gleditsia triacanthos* 'sunburst'

· **科属** 豆科、皂荚属

· **识别特征** 落叶乔木，株高可达 30 m。树冠扁球形，无枝刺。一回羽状复叶，小叶 5 ~ 16 对，长椭圆形至披针形，边缘疏生细圆齿，幼叶金黄，成熟叶浅黄绿色。总状花序，花淡黄色，花期 4—6 月。荚果，扁平条形，扭曲或镰形，果期 10—12 月。

· **生态习性** 喜光，稍耐阴。耐寒，中国南北均有栽培。耐干旱，喜深厚、肥沃排水良好土壤，能适应轻度盐碱土壤。深根性。生长较快。

金叶皂荚的植株和叶

· **园林用途** 叶形秀丽，叶色金黄，为著名彩叶树种。可作庭院树种栽培观赏，可孤植或丛植，也可作行道树列植于绿化带中。

· **应用要点** 南方地区易受天牛危害，须加强防治，否则会招致严重损失。生长缓慢，苗期宜设支撑，否则树干不直。



## 合欢 · 又称绒花树、夜合花、马缨花

· **学名** *Albizia julibrissin* Durazz.

· **科属** 豆科、合欢属

· **识别特征** 落叶乔木，株高可达 16 m。两回偶数羽状复叶，小叶镰刀状长圆形，中脉偏于一边，叶背中脉处有毛。头状花序排成伞房状，花冠合瓣，花萼与花瓣均黄色，雄蕊细丝状，粉红色，花期 6—7 月。荚果条形、扁平，果期 9—10 月。

· **生态习性** 喜光，不耐阴。耐寒，黄河流域至华南广泛栽培。耐干旱，耐瘠薄，不耐水涝，对土壤要求不严。生长迅速。对二氧化硫、氯化氢等有害气体有较强的抗性。

· **园林用途** 主干通直，树冠开阔，叶片纤细如羽，夏季满树红花，红花绿叶格外醒目。常作庭荫树植于房前屋后及草坪和林缘处，也可用作厂矿绿化树种。

· **应用要点** 合欢树皮薄，受阳光暴晒易开裂，种植地点应选择树干免受强光直射处。易受天牛危害，损失较重，应加强防控。

合欢的植株、叶和花序

## 紫薇·又称痒痒树、紫金花、百日红

**学名** *Lagerstroemia indica* L.

**科属** 千屈菜科、紫薇属

**识别特征** 落叶灌木或小乔木，株高可达8 m。树皮薄片状剥落。小枝四棱状。单叶互生或有时对生，椭圆形或倒卵形，全缘，近无柄；圆锥花序顶生，花瓣6，皱波状，具长爪，白色至紫红色，花期7—9月。蒴果近球形，果期10—11月。

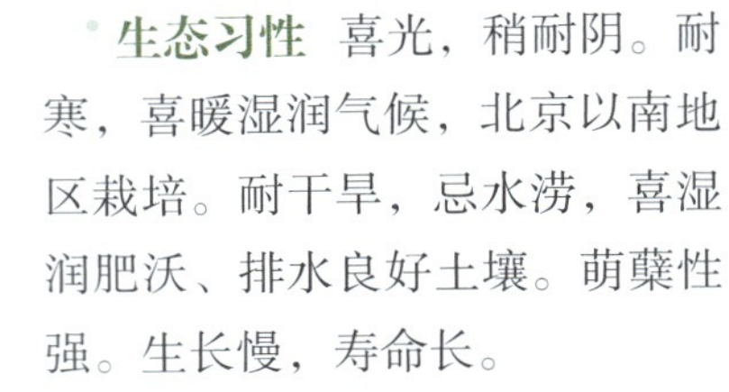

**生态习性** 喜光，稍耐阴。耐寒，喜暖湿润气候，北京以南地区栽培。耐干旱，忌水涝，喜湿润肥沃、排水良好土壤。萌蘖性强。生长慢，寿命长。

**园林用途** 开花繁茂，花色艳丽，花期极长，老干色泽斑驳，颇具观赏性。为著名观赏花木，常作小乔木植于花坛或孤植点缀于庭院，也可作花灌木丛植或群植于草坪和路侧绿化带中。

**应用要点** 紫薇稍耐寒，北京小气候良好处可栽培。适应性强，栽培管理粗放，萌蘖枝生长旺盛，作花灌木栽培时应及时修剪，保持树形。

紫薇的植株和花

## 石榴 · 又称安石榴

**学名** *Punica granatum* L.

**科属** 石榴科、石榴属

**识别特征** 落叶小乔木或灌木，株高可达7 m。小枝常具刺。单叶对生或簇生，长椭圆状披针形，先端钝尖或微凹，基部楔形，全缘。花单生枝端，单性同株，花萼钟形，质厚，红色，花瓣匙形，单瓣至重瓣，花色有白、黄、粉红、玛瑙等，花期5—7月。浆果球形，顶端具宿存花萼，果期9—10月。

**生态习性** 喜光，稍耐阴。耐寒，喜温暖湿润气候，北京小环境良好处可种植。耐干旱，耐瘠薄，不耐水湿，对土壤要求不严，排水良好的微酸性至微碱性土壤中均能生长。

**园林用途** 枝叶浓密，树姿优美，夏季开花繁茂，花红叶绿，格外醒目，秋季果实累累，形如花瓶，颇具观赏性。常植于园林观赏，可点缀于花台、道旁、墙角、草坪边和建筑旁，还可盆栽观赏。果实酸甜，为著名水果。

**应用要点** 石榴为赏食兼用的优良树种，园艺品种较多，分果用品种和观赏品种，应根据栽培用途选择合适的品种。

观赏石榴的开花植株（中右）、花萼（下左）和叶（下右），以及两个常用品种花冠（上左、上右）和果用石榴结果枝（中左）

## 喜树 · 又称旱莲、旱莲子、千丈树

**学名** *Camptotheca acuminata* Decne.

**科属** 蓝果树科、喜树属

**识别特征** 落叶乔木，株高可达 30 m。树皮纵裂成浅沟状。单叶互生，基部广楔形，全缘，疏生短柔毛，叶柄常红色。头状花序，单性同株，雌花序顶生，雄花序腋生，花萼 5 裂，花瓣 5，淡绿色，花期 7 月。坚果方柱形，集生成球形，果期 10—11 月。

**生态习性** 喜光，稍耐阴。稍耐寒，喜温暖、湿润气候，主产于长江流域以南地区，上海地区可露地越冬。较耐水湿，不耐干旱、瘠薄，喜深厚、肥沃、湿润土壤，在酸性、中性及弱碱性土壤中均能生长。浅根性。生长快。

**园林用途** 主干笔挺，树冠宽广，树体高大，果形奇特。常作庭荫树和行道树栽培，也可作四旁绿化树种。

**应用要点** 喜树移栽时间对成活影响较大，以惊蛰前后移栽成活率最高。适应性较强，常规养护管理即可。

喜树的植株、花序、叶和果序

## 灯台树

**学名** *Cornus controversa* Hemsl.

**科属** 山茱萸科、梾木属

**识别特征** 落叶乔木，株高可达 20 m。侧枝轮生，枝条平展，成明显的层片状。单叶互生，卵形至卵状椭圆形，先端急尖，基部圆或宽楔形，全缘，叶背密被白色短柔毛。伞房状聚伞花序顶生，花小，白色，花瓣 4，长圆披针形，花期 5—6 月。核果球形，果期 7—8 月。

**生态习性** 喜光，稍耐阴。耐寒，也耐热，主产于中国长江流域和西南地区，西北、华北有栽培。喜温润、排水良好的微酸性土壤，不耐盐碱性土壤。生长较快。

**园林用途** 灯台树大枝轮生成水平片层，如灯台一般，树形优美。最宜作庭院树种，孤植于开阔草坪上观赏。

**应用要点** 灯台树主要观赏其层次分明的树形，枝条韧性差易折断，移栽时应注意保护树冠，树冠破坏后很难恢复。

灯台树的植株、叶和花序

## 光皮梾木 · 又称光皮树、斑皮抽水树

**学名** *Cornus wilsoniana* Wangerin

**科属** 山茱萸科、梾木属

**识别特征** 落叶乔木，株高可达18 m。树皮薄片状脱落，绿白色。单叶对生，纸质，先端渐尖，基部楔形，边缘波状，上面深绿色，下面灰绿色，两面密被毛，侧脉3～4对，叶柄幼时被毛。圆锥状聚伞花序顶生，花瓣三角披针形，白色；雄蕊长于花瓣；柱头长圆形，较花柱稍粗，花期5月。核果球形，果期10—11月。

**生态习性** 喜光，稍耐阴。稍耐寒，广泛分布于黄河以南地区。耐干旱、瘠薄，对土壤要求不严，喜深厚、肥沃而湿润的土壤，在酸性、石灰性土壤中生长良好。生长较快。

**园林用途** 树干挺直，树皮绿白斑驳，树冠浓密，初夏时节满树白花，秋季满树黑果，可观花、观果。园林绿化中可作庭荫树和行道树。也可用于生态造林，种子含油率高，可作木本油料树种。

**应用要点** 光皮梾木适应性较强，耐轻度盐碱土壤，是生态造林的优良种类。有轻微的立枯病、蛀干害虫、食叶害虫和白蚁等危害，可按常规养护管理。

光皮梾木的植株、叶和花序

## 肉花卫矛

**学名** *Euonymus carnosus* Hemsl.

**科属** 卫矛科、卫矛属

**识别特征** 落叶灌木或小乔木，株高可达6 m。单叶对生，叶长圆状椭圆形至长圆状倒椭圆形，先端长渐尖，具圆钝锯齿，基部楔形。聚伞花序1～2次分枝，花部4数，花瓣肉质肥厚，黄白色，花丝短粗，花期7月。蒴果近球形，具4棱，熟时粉红色，假种皮红色，果期9—10月。

**生态习性** 喜光，稍耐阴。稍耐寒，喜温暖湿润气候，产长江流域。不耐干旱，不耐水湿，喜排水良好微酸性至中性土壤，不耐盐碱性土壤。生长缓慢。

**园林用途** 枝叶茂密，绿期较长，秋叶经霜变红，果皮粉红色、种皮黑色，红黑相映，颇具观赏性。可点缀于园林绿地观赏，宜植于道旁、林缘和建筑边缘，也可孤植观赏。

**应用要点** 肉花卫矛生长极慢，移植时宜带大土球，不宜进行重剪。

肉花卫矛的植株、叶和花序

## 丝棉木 · 又称白杜、华北卫矛、桃叶卫矛

**学名** *Euonymus maackii* Rupr

**科属** 卫矛科、卫矛属

**识别特征** 落叶乔木，株高可达 10 m。单叶对生，卵形至卵状椭圆形，基部宽楔形或近圆形，先端急尖，叶缘有细锯齿。聚伞花序腋生，花淡绿色，花药紫红色，花部 4 数，花序梗细长下垂，花期 5—6 月。蒴果倒卵形，粉红色，种子具橘红色假种皮，果期 9—10 月。

**生态习性** 喜光，稍耐阴。耐寒，中国南北各地均有栽培。耐水湿，耐干旱。对土壤要求不严，以肥沃、湿润、排水良好的土壤生长最好，具有一定的耐盐碱能力。深根性。萌蘖力强，生长速度中等偏慢。

**园林用途** 树冠繁茂，枝叶秀丽，秋冬季节叶色变紫红，果实粉红，种子亮红，十分醒目。园林中常作庭院树种，点缀于园林各地，因具有一定的耐盐碱能力，也可作盐碱绿化树种。

**应用要点** 丝棉木萌蘖力强，树干的干性不强，为培养笔直的树干，应设支撑，并及时去除根蘖。

丝棉木的植株和花序

## 乌桕 · 又称木子树、桕子树、腊子树

**学名** *Triadica sebifera*（L.）Small

**科属** 大戟科、乌桕属

**识别特征** 落叶乔木，株高可达 15 m。单叶互生，纸质，菱形至菱状卵形，先端渐尖，基部阔楔形或钝形，全缘；叶柄细长，基部有蜜腺一对。花单性，雌、雄同株，穗状花序顶生，无花瓣，花期 5—6 月。蒴果球形，常 3 瓣裂，果皮黑色，种子白色，果期 10—11 月。

**生态习性** 喜光，稍耐阴。稍耐寒，产于秦岭、淮河以南至长江流域、西南和华南各地。耐水湿能力强，能耐间歇或短期水淹，对土壤要求不严，稍耐盐碱。深根性，侧根发达。生长较快。

**园林用途** 枝繁叶茂，叶形秀丽，秋叶经霜后十分红艳，为南方地区著名的秋色叶树种。园林中常作庭院树种，可孤植、丛植于草坪、湖畔或池边，也可作行道树，还可作护堤树植于滨水岸边。

**应用要点** 乌桕适合种植于水体边缘，较高的湿度有利于乌桕秋叶变红。主干较软，常不直，苗期须设支撑，培养通直的树干。

乌桕的植株、果实和种子

重阳木的植株、叶和树干

**学名** *Bischofia polycarpa* (Levl.) Airy Shaw

**科属** 大戟科、重阳木属

**识别特征** 落叶乔木，株高可达15 m。树皮褐色，纵裂。三出复叶互生，小叶椭圆状卵形，基部心形，两面光滑，缘有细钝齿。总状花序，花绿色，花期4—5月。浆果球状，熟时红褐色，果期8—10月。

**生态习性** 喜光，稍耐阴。稍耐寒，喜温润湿润气候，上海地区可露地越冬。耐水湿，不耐干旱，喜湿润、肥沃土壤，在酸性土和微碱性土壤中皆可生长。根系发达，抗风力强，生长较快。

**园林用途** 树干通直，枝叶繁茂，树姿优美，早春嫩叶鲜绿，入秋叶色紫红。园林中常作庭荫树和行道树，也可作为滨水地带堤岸绿化树种，最宜于草坪、湖畔和溪边丛植点缀。

**应用要点** 移栽季节对重阳木成活有较大影响，宜于萌芽前带土球移栽。重阳木常见病虫害主要为吉丁虫、介壳虫等，发现宜及早防治。

## 枳椇 · 又称拐枣、鸡爪子

枳椇的植株、果枝、叶和果实

**学名** *Hovenia acerba* Lindl.

**科属** 鼠李科、枳椇属

**识别特征** 落叶大乔木，株高可达 25 m。单叶互生，纸质，宽卵形至心形，顶端渐尖，基部截形或心形，常具细锯齿。二歧式聚伞圆锥花序，顶生或腋生，花小，两性，花瓣椭圆状匙形，具短爪，花期 5—7 月。果序轴肥大肉质，果期 8—10 月。

**生态习性** 喜光，稍耐阴。稍耐寒，产于中国陕西、甘肃南部至长江流域和华南、西南各地。不耐水湿，喜肥沃、湿润、酸性至中性土壤。深根性，萌芽力强。生长较快。

**园林用途** 树形优美，枝叶繁茂，叶大浓荫，果梗虬曲，形状奇特。园林中可作庭荫树，也可作行道树或片植成林。枳椇可供用材，果序可食，种子入药。

**应用要点** 不耐水湿，忌积水，种植宜选地下水位低、排水通畅地点。

## 银雀树 · 又称瘿椒树

**学名** *Tapiscia sinensis* Oliv.

**科属** 省沽油科、瘿椒树属

**识别特征** 落叶乔木，株高可达 15 m。奇数羽状复叶互生，长可达 30 cm，叶轴常红色，小叶卵形至窄卵形，基部心形或近心形，具锯齿，背面密被乳头状白点；圆锥花序腋生，雄花与两性花异株，花小，黄色，花期 7 月；核果圆形，果期 9 月。

**生态习性** 喜光，较耐阴。稍耐寒，喜温暖湿润气候，广泛分布于长江中下游山区。不耐高温和干旱，也不耐水湿，喜肥沃湿润排水良好的酸性土壤。生长较快。

**园林用途** 银雀树为中国特有树种，主干通直，树姿美观，秋叶变黄，开花繁密，有香味。可作庭院树种，可孤植或丛植于庭院观赏。

**应用要点** 银雀树不耐干旱，也不耐水湿，对土壤的要求较高，种植地点不能积水，平时应注意水分管理。

银雀树的植株、枝和叶

## 无患子 · 又称木患子、油患子

**学名** *Sapindus mukorossi* L.

**科属** 无患子科、无患子属

**识别特征** 落叶乔木，株高可达25 m。树皮灰色，不开裂。偶数羽状复叶互生，小叶互生或近对生，卵状长椭圆形，先端尖，基部歪斜，全缘。圆锥花序顶生，花杂性，花瓣5，有短爪，黄白色，花期6—7月。核果球形，熟时黄色或棕黄色，果期9—10月。

**生态习性** 喜光，稍耐阴。稍耐寒，喜温暖湿润气候，主要分布于长江流域及其以南地区。不耐干旱，不耐水涝，对土壤适应性强，在酸性至微碱性土壤中均能生长。深根性。生长慢。

**园林用途** 主干通直，树冠开展，枝叶繁茂，冠大荫浓，秋季叶色金黄。可作庭荫树，点缀于庭院、草坪、水边和道路旁皆可，也可作行道树或厂矿绿化树种。果实可制肥皂。

**应用要点** 枝条萌芽力弱，移植应带大土球，不宜重剪，移栽时间以春季萌芽前为宜。

无患子的植株、叶、花序和果实

## 复羽叶栾树 · 又称黄山栾树、巴拉子、灯笼树

**学名** *Koelreuteria bipinnata* Franch.

**科属** 无患子科、栾树属

**识别特征** 落叶乔木，株高可达20 m。树皮灰白，平滑，有小疣点。二回羽状复叶互生，小叶卵状椭圆形，基部略微偏斜，边缘有内弯小锯齿，无缺刻。圆锥花序顶生，花瓣4，很少5，花期7—9月。蒴果膨大，近球形，果期8—10月。

**生态习性** 喜光，稍耐阴。稍耐寒，主产于中国中部、华东和西南地区。耐干旱，耐瘠薄，能耐短期水涝，对土壤要求不严，能耐轻度盐碱土壤。深根性，生长速度中等。对粉尘污染和二氧化硫等有害气体有较强的抗性。

**园林用途** 树体高大雄伟，夏末秋初黄花覆盖树冠，开花后满树红果，十分壮观。宜作庭荫树、行道树，也可点缀于庭院作园景树，还可用作防护林、水土保持及荒山绿化树种。

**应用要点** 园林中常用其变种黄山栾［*K. bipinnata* var. *integrifoliola*（Merr.）T. Chen］，又称全缘叶栾树，其与复羽叶栾树的区别是小叶通常全缘，有时一侧近顶部边缘有锯齿。

复羽叶栾树适应性强，病虫害少，管理较粗放。



黄山栾的植株、果实、花序和叶

## 七叶树 · 又称梭椤树

**学名** *Aesculus chinensis* Bunge

**科属** 七叶树科、七叶树属

**识别特征** 落叶乔木，株高可达 25 m。树皮深褐色，长方片状剥落。掌状复叶对生，小叶通常 7，小叶倒卵状长椭圆形，先端渐尖，基部楔形，叶缘具细锯齿。圆柱状圆锥花序顶生，花小，杂性，白色，边缘有纤毛，花期 5 月。蒴果球形，黄褐色，密生皮孔，果期 9—10 月。

**生态习性** 喜光，稍耐阴。耐寒，喜温暖湿润气候，北京地区可露地越冬。不耐水湿，不耐瘠薄，喜深厚、肥沃、温润而排水良好的土壤。深根性，萌芽力不强。生长速度中等偏慢，寿命长。

**园林用途** 七叶树主干通直，树冠开展，树体高大雄伟，叶形美丽，初夏时节，满树白花。为著名园林树种，常植于寺庙中，中国名寺古刹多有种植。园林中常作庭荫树，孤植、丛植皆可，也可作行道树，还可作为上层骨架树种与其他树种配植。

**应用要点** 七叶树的根为肉质根，不耐积水，种植地点宜选排水良好的高燥处。萌芽力较弱，不宜重剪。

七叶树的植株、叶、花序和花

## 元宝槭 · 又称元宝枫

**学名** *Acer truncatum* Bunge

**科属** 槭树科、槭属

**识别特征** 落叶乔木，株高可达 10 m。单叶对生，掌状 5 裂，有时中裂片或中间三裂片又三裂，叶基截形，最下部两片常向下开展。聚伞花序顶生，花小，黄绿色，花期 5 月。翅果扁平，翅较宽略长于果核，两翅成钝角，果期 9 月。

元宝槭的叶、植株、花和果实

**生态习性** 喜光，喜侧方庇荫。耐寒，喜温暖凉爽气候，产于东北、华北至长江流域。耐干旱，不耐水湿，喜肥沃、湿润、排水良好的土壤。深根性，萌蘖力强，抗风力强。

**园林用途** 枝叶茂密，叶形优美，果实似元宝，秋叶可变橙黄色至红色，是北方地区重要的秋色叶树种。园林绿化中可作庭荫树，也可作孤植赏树点缀庭院，还可作小型道路的行道树。种子含油量高、品质好，是新兴的木本油料树种。

**应用要点** 元宝槭耐干旱、不耐水湿，配置地点要注意地下水位不能太高，以防止烂根。易受天牛和刺蛾危害，要及时进行防治。

## 红花槭 又称美国红枫、北方红枫

**学名** *Acer rubrum* L.

**科属** 槭树科、槭属

**识别特征** 落叶乔木，株高可达 30 m。单叶对生，掌状 3 ~ 5 裂，裂片边缘有钝尖锯齿，背面灰绿色。花簇生，小而密集，先叶开放红色，花期 4 月。翅果，果翅成锐角，果期 9—10 月。

**生态习性** 喜光，稍耐阴。耐寒，喜凉爽湿润气候，中国北京地区可露地越冬，上海有栽培。不耐水湿，对土壤要求不严，喜湿润、排水良好土壤，不耐盐碱性土壤。生长速度较快。

**园林用途** 主干通直，枝叶茂密，树形优美，叶形美观，秋叶艳丽，是北美地区重要的秋色叶树种。园林绿化中可作孤植赏树点缀于草坪、庭院和道旁绿化带中，也可作行道树；最宜列植或片植，以欣赏其壮观的秋色叶效果。

红花槭的植株和叶

**应用要点** 红花槭易受天牛危害，在天牛的产卵期宜做好防治工作。中国南方湿热地区，土壤积水易引起茎干溃疡病，进入雨季前应提前喷药防治。





## 三角枫

**学名** *Acer buergerianum* Miq.

**科属** 槭树科、槭属

**识别特征** 落叶乔木，株高可达 20 m。树皮长片状剥落。单叶对生，常浅 3 裂，基部圆形或广楔形，3 出脉，全缘或上部疏生锯齿，背面有白粉，幼时有毛。伞房花序顶生，绿色，花瓣条形，子房、柱头密被毛，花期 4 月。翅果核两面凸起，两翅张开成锐角，果期 9 月。

**生态习性** 喜光，稍耐阴。稍耐寒，喜温暖湿润气候，济南地区可露地越冬。稍耐水湿，对土壤要求不严，喜深厚、肥沃、排水良好的土壤，不耐盐碱性土壤。萌芽力强，耐修剪。生长较慢。

**园林用途** 树干端直，叶形美观，秋叶变红，是南方地区重要的秋色叶树种。园林绿化常作行道树和庭荫树，也可作庭院树种植于广场或草坪处。耐修剪，常用于制作树桩盆景。

**应用要点** 三角枫有一定的趋光生长特性，光照不充足时，常造成偏冠和树干不直。夏季高温干燥易造成叶片枯焦，影响秋季变色效果，宜配置于绿化带或近水湿润地带。

三角枫的植株、叶和花

## 复叶槭 · 又称梣叶槭、糖槭

**学名** *Acer negundo* L.

**科属** 槭树科、槭属

**识别特征** 落叶乔木，株高可达 20 m。小枝光滑，常被白色蜡粉。奇数羽状复叶对生，小叶 3 ~ 5，卵状椭圆形，叶缘有不规则粗齿，顶生小叶常 3 浅裂。花单性，雌雄异株，先叶开放，黄绿色，无花瓣，雄花为聚伞花序，雌花为下垂总状花序，花期 4—5 月。翅果翅狭长，展开成锐角，果期 8—9 月。

**生态习性** 喜光，不耐阴。耐寒，也耐热，东北、西北均有栽培。耐干旱，不耐水湿，对土壤要求不严，喜深厚、肥沃、排水良好土壤，耐轻度盐碱土壤。萌蘖性强，生长较快。

**园林用途** 主干通直，枝叶繁茂，冠大荫浓，园艺品种多，叶色变化丰富。园林绿化中可作庭荫树和行道树，也可点缀于庭院或孤植于草坪、广场观赏。

**应用要点** 园艺品种较多，南方夏季高温地区，花叶品种容易焦叶。树干易受天牛危害，须加强人工防治。





复叶槭的植株、叶和果实

## 鸡爪槭 · 又称鸡爪枫、槭树

**学名** *Acer palmatum* Thunb.

**科属** 槭树科、槭属

**识别特征** 落叶灌木或乔木，株高可达 8 m。单叶对生，掌状 5 ~ 9 裂，叶近圆形，基部心形，叶缘具尖锯齿。伞房花序顶生，后叶开花，花杂性，雄花与两性花同株，紫色，花期 5 月。翅果幼时紫红色，熟时褐黄色，果核球形，两翅成钝角，果期 9—10 月。

**生态习性** 喜阴，忌强光。稍耐寒，喜温暖湿润气候，主产于长江流域。稍耐干旱，不耐水湿。喜肥沃、湿润、排水良好酸性土壤，不耐盐碱性土壤。生长较慢。

**园林用途** 株形秀雅，叶形美丽，秋叶变红，幼果果翅红色，为著名的观赏树种。园林绿化中常作庭院树种，点缀于庭院观赏，最宜作下木与高大落叶树种配置。

**应用要点** 鸡爪槭喜光怕晒，宜植于有高大乔木侧方的林缘处。干热气候易引起叶片枯焦，转色期需要充足的光照和湿润的空气。易受天牛等蛀干害虫危害。

鸡爪槭的植株、叶和果实

## 香椿 · 又称毛椿、椿芽、春甜树

**学名** *Toona sinensis*（A. Juss.）Roem.

**科属** 楝科、香椿属

**识别特征** 落叶乔木，株高可达25 m。树皮条片状脱落。偶数羽状复叶，互生，小叶16 ~ 20，对生，卵状披针形，全缘或疏生细齿，两面无毛。雌雄异株。圆锥花序，花白色，花期6—8月。蒴果椭圆形，果期10—12月。

**生态习性** 喜光，不耐阴。耐寒，中国南北各地均有栽培。较耐水湿，喜湿润、肥沃微酸性土壤。深根性。萌蘖力强，生长速度中等。

**园林用途** 树干通直，树体高大，冠大荫浓，花白色芳香。园林中可作庭荫树和行道树。椿芽有香味，可食用，是著名的木本蔬菜。木材纹理漂亮，材质优良。

**应用要点** 香椿易患白粉病和叶锈病，应及时进行防治，患病香椿叶应及时清除。

香椿的植株、花序和果实





## 楝 · 又称苦楝、楝树

**学名** *Melia azedarach* L.

**科属** 楝科、楝属

**识别特征** 落叶乔木，株高可达20 m。树皮灰褐色，纵裂。二至三回奇数羽状复叶互生，小叶对生，卵形、椭圆形至披针形，边缘具裂或锯齿。圆锥花序腋生，花瓣5，细长，淡紫色，花丝合生成筒状，紫色，花期4—5月。核果球形至椭圆形，果期10—12月。

**生态习性** 喜光，不耐阴。稍耐寒，喜温暖湿润气候，产于华北南部至华南、西南地区。稍耐干旱、瘠薄，耐水湿，对土壤要求不严，在酸性土、中性土与石灰性土壤中均能生长。萌芽力强，生长快，寿命短。

**园林用途** 树干通直，枝叶扶疏，花色淡雅，有淡香，结实繁密。常作庭荫树和行道树栽培，因其对烟尘、二氧化硫等有较强抗性，也可作城市及工业矿区绿化。

**应用要点** 须根较少，不耐移栽，尤其是大树移栽困难。易受天牛危害，幼虫常蛀食主干基部，须及时防治。

楝的植株、叶和花冠

## 黄栌 · 又称红叶、烟树

**学名** *Cotinus coggygria* Scop.

**科属** 漆树科、黄栌属

**识别特征** 落叶小乔木或灌木，株高可达8 m。单叶互生，卵圆形或倒卵形，先端圆或微凹，基部楔形，全缘。圆锥花序顶生，花小，杂性，花瓣5枚，长卵圆形或卵状披针形，黄色，雄蕊5，花柱3枚，花期5—8月。

**生态习性** 喜光，稍耐阴。稍耐寒，喜温暖湿润气候，华北地区广泛栽培。稍耐干旱，不耐水湿，喜肥沃、疏松、排水良好的微酸性至中性土壤。

**园林用途** 枝叶繁茂，叶形优美，花序硕大，盛开时，如片片轻烟，秋叶经霜后十分红艳，是北方地区著名的红叶树种。常植于园林观赏，宜植于光照充足的林缘地带，最宜片植，以观赏其壮丽的秋色景观。

**应用要点** 本属常用品种有：美国红栌（*C. coggygria* 'Royal Purple'），叶紫红色，秋叶鲜红色；紫叶黄栌（*C. coggygria* 'Purpureus'），叶深紫色；金叶黄栌（*C. coggygria* 'Golden Spirit'）。黄栌秋叶变色期需要适当的湿度和温差，否则叶片易焦枯，难以形成良好的景观。

黄栌（上）、紫叶黄栌（中）和金叶黄栌（下）的植株、叶

## 臭椿 · 又称樗木、椿树、黑皮椿树

**学名** *Ailanthus altissima* (Mill.) Swingle

**科属** 苦木科、臭椿属

**识别特征** 落叶乔木，株高可达30 m。单数羽状复叶，小叶对生或近对生，卵状披针形，揉之有臭味，全缘，近基部有1～2对粗锯齿，齿端有腺点。圆锥花序顶生，花杂性，花淡绿色，花期6—7月。翅果扁平，长椭圆形，果期9—10月。

**生态习性** 喜光，不耐阴。耐寒，耐热，中国南北各地都有栽培。耐干旱，耐瘠薄，不耐水湿，对土壤要求不严，稍耐盐碱性土壤。深根性，萌芽力强。生长快。

**园林用途** 树干通直，树体高大，春季嫩叶紫红色，秋季红果满树。可作庭院树种和行道树，可孤植、丛植或与其他树种混栽。臭椿材质坚韧、纹理直，具光泽，易加工，是建筑和家具制作的优良用材。

**应用要点** 园艺品种有红叶臭椿（*A. altissima* 'Purpruata'），新叶紫红色，6月以后渐转绿色。具有较强的抗烟能力，对二氧化硫、氯气等有较强抗性，可作厂矿绿化树种。

臭椿的植株、干、叶、花（上、中）和红叶臭椿的植株、叶（下）

## 海州常山 · 又称臭梧桐

**学名** *Clerodendrum trichotomum* Thunb.

**科属** 马鞭草科、大青属

**识别特征** 落叶灌木或小乔木，株高可达8 m。单叶对生，纸质，卵形至三角状卵形，先端渐尖，基部宽楔形至心形，全缘或有时边缘具波状齿。伞房状聚伞花序顶生或腋生，花萼5裂，几达基部，紫红色，花冠粉白色，有香味，花期7—8月。核果近球形，熟时蓝紫色，果期9—10月。

**生态习性** 喜光，稍耐阴。耐寒，在北京小气候良好环境可露地越冬。耐干旱，耐瘠薄，不耐水湿，对土壤要求不严，在微酸性至微碱性土壤中均能生长。生长快，萌蘖性强。

**园林用途** 海州常山植株繁茂，花大色艳，有香味，果实也可观赏。可点缀于园林观赏，植于庭院、山坡、溪边、堤岸、悬崖、石隙和林下等处，也可整形培育成乔木观赏。

**应用要点** 海州常山适应性强，园林中多野生，须根据栽培之需加以利用，叶片揉搓有异味，花香较浓烈，不宜配置过多。

海州常山的植株、叶、花和果序

## 欧洲接骨木 · 又称西洋接骨木

欧洲接骨木的植株、花序（上），金边西洋接骨木（下左）和金叶西洋接骨木（下右）的叶



**学名** *Sambucus nigra* L.

**科属** 忍冬科、接骨木属

**识别特征** 落叶乔木或大灌木，株高可达8 m。奇数羽状复叶对生，小叶5～7，椭圆形，边缘具锐锯齿，先端尾尖，基部楔形，叶揉搓有恶臭。扁平状聚伞花序，分枝5出，花小而多，花冠黄白色，花期4—5月。核果浆果状，黑色，果期7—8月。

**生态习性** 喜光，稍耐阴。耐寒，中国北京地区可露地越冬。耐干旱，不耐水湿，土壤适应性强，微酸性至微碱性土壤均可生长。根系发达，萌蘖性强。抗污染性强。

**园林用途** 春季白花、秋季黑果，可观花、观果。广泛应用于各类园林绿地，适合种植于墙角、路边、林缘和假山旁，还可作下木与其他乔木树种配植。

**应用要点** 本种原产于欧洲，在中国华东地区有广泛栽培，近年从国外引进栽培品种较多。常用的园艺品种有：金叶西洋接骨木（*S. nigra* 'Aurea'），叶金黄色；金边西洋接骨木（*S. nigra* 'Aureo-marginata'），叶缘具金黄色镶边。

# 附录 植物名称索引 按汉语拼音排序

# 参考文献

[1] 包满珠. 花卉学 [M]. 3版. 北京：中国农业出版社，2011.
[2] 包志毅. 世界园林乔灌木 [M]. 北京：中国林业出版社，2004.
[3] 陈有民. 园林树木学 [M]. 2版. 北京：中国林业出版社，2011.
[4] 董丽. 园林花卉应用设计 [M]. 北京：中国林业出版社，2020.
[5] 马炜梁. 植物学 [M]. 2版. 北京：高等教育出版社，2015.
[6] 苏雪痕. 植物景观规划设计 [M]. 北京：中国林业出版社，2012.
[7] 王铖，朱红霞. 彩叶植物与景观 [M]. 北京：中国林业出版社，2015.
[8] 吴玲. 地被植物与景观 [M]. 北京：中国林业出版社，2007.
[9] 王意成. 草本花卉与景观 [M]. 北京：中国林业出版社，2014.
[10] 吴征镒. 中国植物志 [M]. 北京：科学出版社，2005.
[11] 易同培. 中国竹类图志 [M]. 北京：科学出版社，2008.
[12] 卓丽环，陈龙清. 园林树木学 [M]. 北京：中国农业出版社，2003.
[13] 赵家荣，刘艳玲. 水生植物图鉴 [M]. 武汉：华中科技大学出版社，2009.
[14] 张天麟. 园林树木1600种 [M]. 北京：中国建筑工业出版社，2010.